EXTRAIT DES ANNALES DES SCIENCES NATURELLES.
5e SÉRIE, BOTANIQUE, T. XVI.

MÉMOIRE

SUR

LES CANAUX SÉCRÉTEURS DES PLANTES,

Par M. Ph. VAN TIEGHEM.

On sait aujourd'hui que les canaux sécréteurs des plantes sont des tubes dépourvus de paroi propre, produits à l'origine, comme de simples méats aérifères, par le décollement le long de l'arête de contact et par l'écartement des parois de trois ou quatre files cellulaires contiguës, et s'élargissant plus tard à mesure que grandissent et se divisent les cellules entre lesquelles ils sont creusés. Si les cellules qui bordent le tube s'étendent peu, elles demeurent simples, et le canal, en forme de prisme triangulaire ou quadrangulaire, est fort étroit; mais souvent elles s'étalent de plus en plus, et se divisent par des cloisons radiales, de manière à tapisser le tube progressivement élargi d'un épithélium simple dont les petites cellules proéminent dans la cavité; quelquefois il s'y forme en même temps des cloisons tangentielles, et l'épithélium acquiert plusieurs assises superposées.

Dans tous les cas, ces cellules de bordure sont nettement spécialisées sous le rapport physiologique par rapport aux éléments du tissu ambiant. Elles ont la propriété de produire dans leur intérieur et de déverser ensuite dans le canal divers principes immédiats hydrocarbonés, dans lesquels l'oxygène, ou manque complétement, ou se trouve en proportion plus ou moins faible : des huiles essentielles, des résines, des gommes, etc. A cette spécialisation physiologique correspond toujours une spécialisation anatomique; mais celle-ci peut se manifester, comme nous le verrons, à des degrés inégaux dans les divers organes d'une même plante.

Toutefois, si le caractère général des canaux sécréteurs est assez bien connu, il m'a semblé que leur mode de répartition dans les divers tissus de la plante, notamment leur disposition par rapport au système libéro-ligneux des divers organes du végétal aux différentes périodes successives du développement de ces organes, était mal définie dans un grand nombre de cas. C'est ce qui m'a déterminé à réunir et à publier ici quelques-unes des observations que j'ai été amené à faire sur ce sujet en poursuivant l'exécution du plan d'études anatomiques que je me suis tracé et que j'ai fait connaître dans ce recueil (1).

COMPOSÉES (2).

Les plantes de la famille des Composées forment dans la profondeur des tissus de leurs divers organes des huiles essentielles incolores ou diversement colorées, dont quelques-unes ont fait l'objet d'études chimiques intéressantes.

On sait que ces huiles essentielles sont des mélanges d'un hydrocarbure liquide de la forme C^nH^n, ordinairement isomère de l'essence de térébenthine $C^{20}H^{16}$, et d'une essence oxygénée solide et cristallisable de la forme $C^nH^nO^2$, le plus souvent isomère du camphre du Japon $C^{20}H^{16}O^2$. Cette essence oxygénée est tenue en dissolution par l'hydrocarbure dont elle paraît dériver par simple oxydation. Ainsi, pour en citer quelques exemples, l'huile essentielle de Matricaire (*Matricaria Parthenium* L.) est un mélange d'un hydrogène carboné et d'une essence oxygénée solide qui présente la même composition que le camphre des Laurinées $C^{20}H^{16}O^2$, mais qui dévie à gauche le plan de polarisation de la lumière incidente, tandis que le camphre des Laurinées le dévie

(1) *Recherches sur la symétrie de structure des plantes vasculaires*, INTRODUCTION (*Ann. des sc. nat.*, Bot., 5e série, 1871, t. XIII, p. 5).

(2) Communiqué à la Société botanique de France, séances des 24 novembre, 8 et 22 décembre 1871 (*Bulletin*, t. XVIII).

à droite. L'essence d'Absinthe (*Artemisia Absinthium*) plusieurs fois rectifiée offre la même composition que le camphre des Laurinées, mais comme lui elle dévie à droite. L'essence de Camomille (*Matricaria Chamomilla*), qui est bleu d'azur, se solidifie en partie par le froid, et les lamelles cristallines qui s'y déposent sont isomères du camphre du Japon. L'essence de Tanaisie (*Tanacetum vulgare*) traitée par l'acide chromique produit une substance identique avec le camphre des Laurinées. L'essence de Camomille romaine (*Anthemis nobilis*) est un mélange d'un hydrogène carboné $C^{20}H^{16}$ isomère de l'essence de térébenthine et d'une huile essentielle oxygénée $C^{10}H^8O^2$, qui, traitée par la potasse, se convertit en acide angélique. L'essence d'*Osmitopsis asteriscoides* a la même composition que le camphre de Bornéo $C^{20}H^{18}O^2$. La racine d'Aunée (*Inula Helenium*) contient dans son essence un principe cristallisable odorant, l'hélénine de Gerhardt $C^{12}H^{10}O^2$, d'où l'on extrait, par élimination de 2 équivalents d'eau, l'hélénène $C^{12}H^8$. Enfin l'essence d'*Artemisia contra* offre la composition $C^{24}H^{20}O^2$, et par distillation sur l'acide phosphorique anhydre elle reproduit le cymène $C^{20}H^{14}$. Telle est, d'une façon générale, la nature ou la qualité de ces huiles essentielles.

Si maintenant, pour se faire une idée de leur quantité, c'est-à-dire de la proportion où elles se développent dans les divers organes, on compare les quelques analyses immédiates faites par divers chimistes, on trouve, par exemple, que la quantité d'hélénine de la racine d'Aunée est de 4 millièmes du poids de l'organe ; mais l'hélénine ne forme qu'une partie de l'huile essentielle de la racine. La proportion d'huile volatile de la racine d'*Arnica montana* est de 15 millièmes. La quantité d'essence de la racine d'*Anthemis Pyrethrum* est de 20 millièmes. Dans la tige de l'Absinthe il y a 15 millièmes d'huile essentielle. On peut donc admettre que la quantité d'essence sécrétée dans la racine et dans la tige est d'environ 15 à 20 millièmes du poids de l'organe.

Cela posé, quelle est, dans la profondeur des tissus, la structure de l'appareil où se forment ces huiles essentielles, et comment cet appareil oléifère est-il distribué dans les divers organes de la plante ? telle est la question que je me suis proposé de résoudre. Je diviserai cet exposé en trois parties. Dans la première je décrirai sur un exemple particulier et aussi complétement que possible la structure et la distribution de l'appareil oléifère. Dans la seconde, je comparerai à ce type bien connu un assez grand nombre de genres choisis dans les diverses tribus de la famille. La troisième sera consacrée à un court aperçu historique.

I. — APPAREIL OLÉIFÈRE DE L'ŒILLET D'INDE (*Tagetes patula*).

Racine.

Il y a dans la racine deux périodes de développement à distinguer. Dans la première, tous les tissus constitutifs de l'organe sont complétement différenciés, mais les arcs générateurs n'y ont pas encore apparu. Dans la seconde, le jeu des arcs générateurs, bientôt confondus en une couche génératrice continue, a introduit dans l'organe des productions nouvelles qui s'accroissent sans cesse jusqu'à la fin de la période végétative.

Période primaire. — Pour être bien compris, il est nécessaire que je retrace d'abord les principaux traits de l'organisation de la racine dans sa période primaire. Aussi bien la connaissance que nous en aurons acquise, non-seulement nous servira dans la suite pour toutes les autres Composées, mais encore elle s'appliquera, dans ses caractères essentiels, et sauf les différences secondaires qui séparent les embranchements, à toutes les Dicotylédones, à toutes les Monocotylédones, à toutes les Cryptogames vasculaires, et notre exposition s'en trouvera simplifiée.

La racine est formée d'un parenchyme cortical et d'un cylindre central. Le parenchyme cortical, ou l'écorce, limité en dehors par l'épiderme et en dedans par la membrane protectrice, se compose de deux zones distinctes : dans l'externe, les cellules à section polygonale sont ajustées irrégulièrement sans laisser de méats et décroissent vers l'extérieur ; dans l'interne, les cellules à section carrée sont disposées à la fois en séries radiales et en cercles concentriques, décroissent vers le centre, et laissent entre

leurs coins arrondis des méats aérifères. Ce sont les éléments de
la dernière assise de cette zone interne qui sont marqués sur
leurs faces latérales et transverses de plissements échelonnés
très-courts et très-rapprochés de leur face interne, plissements
par le moyen desquels ils s'engrènent fortement les uns aux
autres pour former une membrane résistante entièrement dis-
tincte du tissu qui précède et du tissu qui suit. Considérée par
rapport à l'écorce à laquelle elle appartient et qu'elle termine,
elle en est l'endoderme; considérée par rapport au cylindre central qu'elle revêt, elle en est la membrane protectrice. Elle constitue un excellent repère pour déterminer la position des divers
groupes d'éléments anatomiques, et il en sera souvent question
dans cet exposé (1).

Le cylindre central commence par une assise de cellules non
plissées, en contact avec les protectrices et alternant régulièrement avec elles. Cette alternance, succédant brusquement à la
superposition en séries radiales des éléments de la zone interne
de l'écorce, rend la limite entre le parenchyme cortical et le
cylindre central toujours très-facile à saisir. C'est contre cette
assise, dont les éléments conservent une grande activité vitale,
que s'appuient en dedans et en des points régulièrement alternes
les premiers vaisseaux et les premières cellules libériennes.
Disons tout de suite que cette membrane périphérique a une
importance extrême. C'est en elle, en effet, dans ceux de ses
éléments qui sont situés en face des premiers vaisseaux, que s'o-
pèrent les segmentations qui amènent la formation des racines
nouvelles aux flancs de la racine primitive. On peut donc l'appeler, comme nous le ferons désormais, *membrane rhizogène*.

Si c'est le pivot que l'on considère, il se forme, contre la membrane rhizogène, et en deux points diamétralement opposés, un
vaisseau étroit annelé suivi bientôt de trois ou quatre vaisseaux

(1) Par les progrès de l'âge, les cellules plissées gardent leur paroi mince; mais leurs
plissements, ceux des faces transverses notamment, se fondent de bonne heure en une
sorte de fine bande d'épaississement, qui n'est pas sans rappeler à la mémoire les cadres
d'épaississement que présente l'avant-dernière assise corticale dans la racine des Cyprès,
des Thuias, des Ifs, etc.

de plus en plus larges, d'abord spiralés, puis ponctués, de sorte
que ces deux séries vasculaires centripètes et cunéiformes viennent se toucher au centre en une bande diamétrale renflée en son
milieu, amincie sur ses bords. Les vaisseaux externes de ces
deux lames confluentes, annelés et spiralés, ont leurs cloisons
transverses obliques et permanentes; les plus larges seuls ont
leur cavité fusionnée. Alternes avec ces deux lames vasculaires,
se forment contre la membrane rhizogène deux groupes de cellules libériennes étroites et longues, toutes semblables, à contenu protoplasmique azoté, à paroi un peu épaissie, blanche et
brillante, mais où je n'ai pas réussi à voir de ponctuations grillagées. Ces faisceaux libériens, toujours moins étendus radialement que les faisceaux vasculaires avec lesquels ils alternent,
mais en revanche beaucoup plus étalés tangentiellement, ne
viennent pas toucher la bande vasculaire. Entre eux et les vaisseaux, il y a en général deux rangées de cellules plus larges, à
paroi mince et terne, contenant un liquide hyalin, et dont les
propriétés et les fonctions sont fort différentes; je les appellerai
cellules *conjonctives*. C'est le rang conjonctif externe qui deviendra plus tard, en divisant ses éléments, l'arc générateur des productions secondaires.

Les radicelles se forment sur le pivot par la segmentation des
cellules de la membrane rhizogène situées en face des deux
lames vasculaires, et de manière que leurs axes s'appuient sur les
deux arêtes formées par les deux vaisseaux les plus étroits. Elles
sont donc insérées sur deux génératrices opposées, aux flancs du
cylindre central, dont elles sont tout entières des dépendances
périphériques. La radicelle est d'ailleurs organisée comme le
pivot, et le plan de la bande vasculaire issue du rapprochement
au contact de ses deux faisceaux vasculaires primitifs passe par
l'axe du pivot, tandis que le plan médian de ses deux faisceaux
libériens lui est perpendiculaire. Il en résulte que le corps tout
entier de la racine principale se ramifie idéalement dans un
seul plan vertical, qui est, comme nous le verrons plus loin, le
plan des nervures médianes des deux cotylédons.

Si c'est une racine adventive qu'on étudie, on y trouvera un cylindre central plus large avec trois, quatre, cinq faisceaux vasculaires, ou même davantage, et autant de faisceaux libériens alternes. Le nombre des faisceaux des deux espèces varie un peu le long de la même racine ; il est plus grand à la base et va diminuant vers la pointe ; il est en rapport avec le diamètre du cylindre central. En outre, surtout s'il y en a au moins cinq, les faisceaux vasculaires ne pourront venir se toucher au centre, et le tissu conjonctif, plus développé, remplira l'espace de plus en plus large qu'ils y laissent entre eux. D'ailleurs, sauf cet accroissement et cette variabilité numériques, tous les caractères de structure et de développement demeurent les mêmes.

Quel est maintenant le rôle physiologique que les divers tissus constitutifs de l'organisation primaire de la racine ont à remplir, principalement dans le transport des liquides du sol absorbés par les poils épidermiques depuis leur lieu d'introduction jusqu'à la base de la tige, et dans le mouvement de retour de la séve plastique élaborée dans les feuilles depuis la base de la tige jusqu'aux extrémités des radicelles ? J'ai fait à ce sujet une série d'expériences, soit avec divers liquides colorés, soit au moyen de liquides incolores pouvant donner, par leur réaction mutuelle à l'intérieur des éléments où ils cheminent, un précipité coloré. Ces expériences, dans le détail desquelles je suis entré ailleurs (1), ont porté sur les divers organes des plantes vasculaires, tant Cryptogames que Monocotylédones et Dicotylédones, examinés aux diverses périodes de leur développement ; elles ont eu notamment pour objet le *Tagetes patula*. En ce qui concerne la racine pendant sa période primaire, elles ont montré que c'est par les vaisseaux seuls que s'élèvent les liquides colorés, et par conséquent la séve. C'est par le bois primaire, si l'on veut ; mais le bois primaire de la racine est toujours composé exclusivement de vaisseaux. Le tissu conjonctif, en déterminant un transport latéral, ne joue qu'un rôle tout à fait secondaire, et encore ne le remplit-il le plus souvent que s'il se fibrifie. Il forme en quelque sorte le sol où est creusé le lit du fleuve. La séve plastique,

(1) Voyez à ce sujet : *Ann. des sc. nat.* 5ᵉ série, 1871, t. XIII, p. 118, 179, 277.

élaborée par les feuilles, redescend ensuite de la base de la tige au sommet de la racine par les faisceaux libériens. Et si nous avons comparé l'ascension assez rapide des liquides du sol par les vaisseaux au courant de l'eau dans le lit d'une rivière, c'est au lent écoulement d'un glacier qu'il faudra comparer la descente du protoplasma à travers les cellules libériennes.

Il résulte de ce qui précède que, dans l'organisation primaire de la racine principale, il y a deux courants ascendants confluents et deux courants descendants séparés, alternes avec les premiers. Il en résulte encore que toutes les radicelles, qui se forment toujours en face des courants ascendants, ont indéfiniment leurs propres paires de courants ascendants dans le même plan et leurs propres paires de courants descendants dans des plans alternativement rectangulaires.

Revenons maintenant à la membrane protectrice et au sujet spécial qui nous occupe ici.

Devant les faisceaux vasculaires primitifs du cylindre central, les larges cellules protectrices, au nombre de cinq assez souvent, sont simples et n'offrent rien de remarquable (1). Mais celles qui correspondent aux groupes libériens, au nombre de quatre à six ordinairement, d'abord simples, se sont agrandies dans le sens du rayon, puis dédoublées par une cloison tangentielle extérieure aux plissements en deux éléments superposés; l'élément le plus interne est plus petit que l'autre, et porte le cadre de plissements. Puis les coins des nouvelles cellules se sont arrondis, et les étroits méats en forme de losanges qui résultent de leur écartement se sont remplis d'une huile essentielle d'un jaune verdâtre, tandis que les cellules elles-mêmes demeurent hyalines et en apparence sans aucun caractère spécial. Quelquefois on voit l'huile verte remplir aussi quelques-uns des méats plus larges qui existent entre les cellules protectrices dédoublées et celles de

---

(1) Si ce n'est toutefois que, pendant la période germinative, c'est en elles seulement que l'amidon se forme aux dépens de l'huile grasse contenue dans les cellules du parenchyme cortical. Plus tard, cet amidon disparaît en se transformant en glycose. — Voyez, à ce sujet, Julius Sachs, *Ueber das Auftreten der Stärke bei der Keimung ölhaltiger Samen* (Botan. Zeitung, 1859, p. 177 et 185).

l'avant-dernière assise corticale ; mais cela n'est qu'accidentel. Il se fait donc ainsi normalement, en dehors des faisceaux libériens primitifs, un arc de cinq à sept canaux interstitiels oléifères, canaux extrêmement étroits, puisqu'ils atteignent à peine $0^{mm},008$ de largeur, entourés chacun par quatre grandes cellules hyalines, et qui cheminent côte à côte en s'anastomosant çà et là (1). Ces canaux ressemblent, par leur ténuité, par leur structure et par leur disposition, à ceux qui existent dans l'organisation primaire de la racine des Ombellifères et des Araliacées. Mais tandis que dans ces familles (2) les canaux oléifères de la jeune racine sont superposés aux faisceaux vasculaires, et qu'ils appartiennent au cylindre central, puisqu'ils sont creusés dans la membrane rhizogène, dans le *Tagetes patula* ces mêmes canaux sont superposés aux faisceaux libériens, et ils font partie de l'écorce primaire, puisqu'ils sont entaillés dans la membrane protectrice.

Période secondaire. — Le début de cette période est marqué par le dédoublement, au moyen de cloisons tangentielles, des cellules du rang conjonctif qui touche immédiatement le faisceau libérien primitif. Les deux nouvelles cellules ainsi formées se divisent ensuite successivement, l'externe en direction centripète, l'interne en direction centrifuge, de manière à former un double massif de séries radiales où les éléments sont d'autant plus jeunes qu'ils sont plus rapprochés de la ligne médiane où se trouve et se maintient leur lieu de formation.

Les cellules de la région interne et centrifuge du massif se transforment dans l'ordre de leur production, c'est-à-dire de dedans en dehors, en vaisseaux dont les premiers se posent par conséquent très-près de la bande vasculaire primitive, n'en étant séparés que par un rang de cellules conjonctives. Souvent

(1) Pendant la période germinative, il ne se dépose pas d'amidon dans les cellules qui bordent les canaux oléifères, mais en revanche elles contiennent du tannin en abondance et noircissent par les sels de fer (J. Sachs). La membrane protectrice est donc formée, pendant cette période, de deux arcs amylifères superposés aux faisceaux vasculaires, et de deux arcs, à la fois tannifères et oléifères, superposés aux faisceaux libériens.

(2) Voyez, à ce sujet, *Recherches sur la symétrie de structure des plantes vasculaires ; la Racine,* (*Ann. des sc. nat.* 5ᵉ série, t. XIII, p. 223 et 231, fig. 52-54). Voyez surtout le chapitre du présent travail relatif aux Ombellifères et Araliacées.

même ils sont en contact direct avec cette bande. Ces vaisseaux, bientôt mélangés de cellules allongées qui s'épaississent en fibres, forment le bois secondaire dont les groupes alternent par conséquent avec le bois primaire. Ainsi, tandis que le bois primaire est exclusivement formé de vaisseaux, dans le bois secondaire les vaisseaux se trouvent mêlés de cellules allongées et épaissies en fibres. C'est là, comme on le sait, le caractère général des Dicotylédones Angiospermes. Mais les Gymnospermes (Conifères et Cycadées) se comportent autrement. Le bois secondaire y conserve indéfiniment le caractère de pureté du bois primaire, et se trouve exclusivement composé de vaisseaux du même ordre, en mettant à part, bien entendu, les rayons parenchymateux (1). Quant aux Monocotylédones et aux Cryptogames vasculaires, il ne s'y fait jamais de bois secondaire, tandis qu'il s'en fait toujours chez les Dicotylédones (2).

Les cellules de la région externe et centripète du massif se transforment de dehors en dedans en un mélange de vaisseaux grillagés et de cellules libériennes ordinaires. Ce mélange constitue le liber secondaire qui est superposé au liber primaire.

Il se forme donc, au début, sur le bord interne de chaque faisceau libérien primitif et par le jeu double d'un arc générateur d'origine conjonctive, un faisceau double, libérien en dehors, ligneux en dedans, que j'appellerai donc *libéro-ligneux*, et qui refoule en dehors le faisceau libérien primitif qu'il déborde beaucoup de chaque côté. Bientôt les cellules rhizogènes superposées aux vaisseaux primitifs se dédoublent, et quand les arcs générateurs, dans leur déplacement vers l'extérieur, sont parvenus à faire partie d'une circonférence tangente aux vaisseaux les plus étroits, ils se réunissent l'un à l'autre par l'intermédiaire de la moitié interne des cellules rhizogènes ainsi dédoublées, en une couche génératrice qui produit désormais un anneau libéro-ligneux continu. Plus tard cet anneau se divise, par la formation de rayons parenchymateux internes qui se continuent à la fois

<hr>

(1) Voyez, sur ce point, le mémoire déjà cité (*Ann. des sc. nat.*, 5ᵉ série, t. XIII, p. 187 et suiv.).

(2) *Loc. cit.*, p. 238 et suiv., et p. 272.

dans le liber et dans le bois, en un certain nombre de bandes
rayonnantes libéro-ligneuses. Enfin, mais assez tard, les cellules
de la membrane rhizogène, par exemple celles qui séparent les
groupes libériens primaires de la membrane protectrice, se
segmentent, non-seulement par des parois radiales, comme elles
l'ont fait jusqu'alors pour se prêter à l'extension progressive du
cylindre central, mais encore par des cloisons tangentielles de
manière à former une zone peu épaisse de parenchyme cortical
secondaire.

Voilà comment les formations secondaires s'introduisent peu
à peu dans le cylindre central de la racine, dont elles accroissent
progressivement le diamètre jusqu'à la fin de la période végétative.

Que deviennent pendant ce temps, et notre parenchyme cortical primaire, et nos canaux oléifères ? L'écorce primaire se
prête, grâce à la division de ses cellules par des cloisons à la
fois tangentielles et radiales, à l'extension progressive du cylindre
central. Elle persiste donc sans s'exfolier. Les cellules de la
membrane protectrice qui bordent et séparent les canaux oléifères s'étendent d'abord tangentiellement, puis chacune d'elles
se divise en deux par une cloison radiale, plissée comme les
parois latérales primitives et au même endroit, mais sans laisser
toutefois de méat oléifère entre ses deux moitiés et les deux
moitiés correspondantes de la cellule superposée qui se dédouble
en même temps qu'elle. Puis chaque cellule nouvelle se divise
en deux de la même façon, et ainsi de suite. De sorte qu'au bout
d'un certain temps, deux quelconques des canaux oléifères primitifs, d'abord isolés par une seule largeur de cellule, se trouvent
séparés par une vingtaine de cellules protectrices plissées, nées
à l'intérieur d'un seul élément primitif. Les cellules plissées ne
se divisant jamais par des cloisons tangentielles, les canaux
oléifères un peu élargis demeurent toujours appliqués immédiatement contre la membrane protectrice.

Ainsi les canaux oléifères persistent dans le parenchyme cortical primaire jusqu'à la fin de la période végétative. Le nombre
ne s'en accroît pas et ils ne s'écartent pas de la membrane pro-

tectrice, mais ils s'éloignent progressivement les uns des autres pour se distribuer uniformément à la surface du cylindre central à mesure que ce dernier s'élargit.

Mais si le cylindre central est absolument privé d'huile essentielle dans sa période primaire, ne s'y forme-t-il jamais d'essence dans les productions secondaires ? Pendant longtemps on n'en voit pas. Toutefois, si l'on examine la base du pivot à l'automne, on en rencontre en certains points situés dans les rayons parenchymateux du liber secondaire ; il n'y en a pas dans la partie de ces rayons qui traverse le bois. Et l'on s'assure que l'huile essentielle y est sécrétée et demeure contenue directement dans certaines cellules de ces rayons, isolées ou associées en groupes au milieu d'autres cellules hyalines ; elle ne se déverse pas dans des canaux interstitiels. L'huile y apparaît d'ailleurs de dehors en dedans. Elle se forme d'abord dans les cellules les plus âgées du rayon, où elle est déjà d'un jaune orangé quand les éléments plus intérieurs commencent seulement à acquérir une légère teinte verdâtre.

En résumé, dans l'organisation primaire de la racine, qu'elle soit principale ou secondaire, normale ou adventive, l'huile essentielle est contenue dans un système d'étroits canaux quadrangulaires (1) creusés dans l'épaisseur de la membrane protectrice dédoublée et associés au nombre de six ordinairement au dos de chaque faisceau libérien primitif. Les cellules dédoublées de ces arcs oléifères superposés aux faisceaux libériens, dans lesquelles se forme l'huile qui se déverse dans les canaux, se montrent dès l'origine douées de propriétés différentes de celles des éléments qui forment les arcs protecteurs alternes superposés aux faisceaux vasculaires. Car, tandis que ces derniers sont le lieu exclusif de la formation et du dépôt transitoire de l'amidon pendant la période germinative, les premiers sont, pendant cette même période, le siége principal de la production transitoire du tannin.

(1) Les deux canaux extrêmes de l'arc sont toujours triangulaires ; tous les autres quadrangulaires. Dans l'arc de canaux oléifères de la racine des Ombellifères, au contraire, le canal médian seul est quadrangulaire, tous les autres triangulaires.

Plus tard, après l'apparition des faisceaux, puis de l'anneau libéro-ligneux secondaires, ces canaux subsistent seuls, mais ils vont sans cesse s'écartant l'un de l'autre en demeurant toutefois en contact avec la membrane plissée, et ils se distribuent en définitive uniformément au pourtour du cylindre central élargi.

Enfin, vers le déclin de la période végétative et dans la région la plus âgée de la racine, on voit apparaître, dans certaines cellules appartenant aux rayons du liber secondaire, une huile essentielle toute semblable à celle que recèlent les canaux corticaux. A l'appareil interstitiel primitif si nettement circonscrit se superpose alors un appareil cellulaire assez vaguement délimité.

Tige.

Étudions la tige jeune, avant l'apparition des formations secondaires, et portons d'abord notre attention sur sa région hypocotylée ou tigelle, et notamment sur la base de cette région, là où s'opère le passage de la racine principale à la tige. Ce passage est indiqué au dehors par une ligne circulaire très-nette séparant l'épiderme rose et lisse de la tigelle de l'épiderme gris et velu de la racine.

D'une façon générale, il existe toujours entre ces deux épidermes une brusque différence qui indique nettement au dehors la limite entre la racine et la tige, et cette différence superficielle provient de la différence d'origine des deux organes. La tigelle, en effet, est un axe primitif exogène, tandis que la racine principale est un axe secondaire endogène. La tigelle de la plantule est issue du simple allongement de la tigelle de l'embryon, laquelle s'est développée directement dans le sac embryonnaire par les segmentations successives de la moitié inférieure de la cellule primordiale. Sa surface externe, son épiderme, a donc toujours été extérieure. La racine principale au contraire est née à l'intérieur du tissu de la tigelle, au voisinage de sa base, c'est-à-dire de son point d'attache au suspenseur, par la formation d'une calotte de cellules génératrices à une certaine profondeur au-dessous de ce point d'attache. Ces cellules génératrices, se divisant à la fois vers le suspenseur et vers la tigelle, donnent d'un côté la coiffe et de l'autre le corps même de la racine. Ce corps est plus ou moins développé dans l'embryon. A la germination, le cône radical refoule le sac formé autour de lui par le tissu périphérique de la base de la tigelle et s'allonge au dehors. Dans un certain nombre de cas (*Tropæolum*, Graminées, etc.), ce tissu périphérique est épais, et après sa rupture il subsiste en forme de manchette autour de la racine principale. Mais dans la plupart des plantes le sac est très-mince, il s'émiette en quelque sorte et disparaît de bonne heure, de sorte que la manchette se réduit à une ligne nette circonscrivant la base du pivot. Ainsi, sous le rapport de son origine endogène, le pivot se comporte comme toutes les racines adventives primaires, et comme toutes les racines normales secondaires, tertiaires, etc.; il n'en diffère que par sa position terminale. Donc, la surface externe de la racine, son épiderme, était d'abord intérieure à un tissu préexistant; la surface externe de la tige, son épiderme, a toujours été extérieure. De là, la nature différente de ces deux surfaces, et dans le premier âge, tant que les épidermes ne sont pas exfoliés, une limite fort nette.

Cela posé, cherchons dans le cas particulier qui nous occupe aujourd'hui si cette limite superficielle facile à constater, mais essentiellement éphémère, ne coïncide pas avec une limite interne fondée sur l'organisation du cylindre central, un peu moins aisée à apprécier peut-être, mais indéfiniment persistante et inaltérable.

Quand par une série de sections à travers la partie supérieure du pivot on s'approche de sa base, on voit les deux lames vasculaires se séparer au centre à cause du brusque élargissement du cylindre central, tandis que le tissu conjonctif se développant à mesure remplit tout l'espace laissé entre elles. Puis chaque lame cunéiforme se scinde en deux suivant son rayon médian et à partir du centre, et il en est de même des deux faisceaux libériens dont les deux moitiés s'écartent simplement l'une de l'autre. Chaque moitié de la lame vasculaire primitive tourne alors autour de la pointe commune immobile, c'est-à-dire au-

tour du premier vaisseau formé qui reste en place, et quand la
rotation est de 90 degrés, les deux moitiés sont dans le prolongement l'une de l'autre, pointe contre pointe. Elles s'arquent
ensuite en dehors de manière à venir placer leur base élargie
contre le bord interne de la moitié correspondante du faisceau
libérien, puis elles achèvent de se séparer en isolant leurs pointes
du premier vaisseau formé qui demeure en place. Enfin, elles
se ramassent sur elles-mêmes en superposition avec les faisceaux
libériens, et finissent par tourner vers le centre leurs vaisseaux
les plus étroits. Ainsi, pendant que le liber primaire subit un
dédoublement et une translation latérale, le bois primaire subit
un dédoublement, une translation latérale et une rotation de
180 degrés. Il était centripète, il est devenu centrifuge. Il était
alterne avec le liber primaire, il lui est désormais superposé.
Nous étions tout à l'heure dans la racine, c'est-à-dire au-dessous
de la limite superficielle dont nous venons de parler ; nous
sommes maintenant dans la tige, c'est-à-dire au-dessus de cette
limite, et il y a exacte coïncidence dans les deux passages. Là
donc où s'opèrent le dédoublement du faisceau vasculaire ou
du bois primaire, la demi-rotation qui le rend centrifuge et la
translation latérale qui l'amène à se superposer au bord interne
du liber primaire lui-même dédoublé et dévié, là est la limite
anatomique, la séparation interne entre la racine et la tige (1).

La tigelle possède donc dès sa base quatre faisceaux doubles

(1) Dans la plante que nous étudions, le faisceau libérien et le faisceau vasculaire se
dédoublent tous les deux, et pour se lier ensemble ils font chacun la moitié du chemin.
Ailleurs le faisceau vasculaire seul se divise et vient se placer en dedans du faisceau
libérien demeuré immobile. Dans d'autres cas, c'est le faisceau vasculaire qui reste en
place en tournant sur lui-même, tandis que le libérien se dédouble et vient se placer
en dehors de lui.

Dans un grand nombre de plantes que j'ai étudiées à ce point de vue, les quatre
temps de la transformation interne sont, comme dans l'Œillet d'Inde et les autres
Composées, presque simultanés. La rotation du faisceau vasculaire qui de centripète
devient centrifuge en passant par un développement latéral, sa superposition au
faisceau libérien, la brusque interruption de la membrane rhizogène en dehors de ce
dernier, enfin la dilatation du cylindre central avec interposition du tissu conjonctif, ces
quatre changements s'y opèrent dans un très-court espace et exactement au niveau
marqué par la limite superficielle. Il est bien entendu d'ailleurs que de ces quatre
changements les trois premiers seuls sont essentiels : le dernier n'est qu'accessoire,

libéro-ligneux disposés en cercle, dont aucun ne continue la direction des quatre faisceaux simples purement libériens et purement ligneux du pivot, mais qui alternent exactement avec eux. Les cotylédons qui la terminent s'insèrent vis-à-vis des deux intervalles qui correspondent aux faisceaux vasculaires du pivot et aux deux rangs de radicelles ; ces intervalles sont marqués par la présence d'un unique vaisseau spiralé déroulable, séparé de la membrane protectrice par une assise de cellules rhizogènes, et qui n'est autre chose que la continuation du vaisseau le plus externe de la lame vasculaire du pivot. C'est devant les deux intervalles entièrement libres que naissent les feuilles de la seconde paire.

En même temps que le dédoublement et la rotation des faisceaux vasculaires s'opéraient à la base de la tigelle, le cylindre central continuait la dilatation déjà commencée dans le haut du pivot, et un large tissu conjonctif parenchymateux, qui se prolonge désormais dans toute l'étendue de la tige principale et de ses diverses ramifications, venait séparer les faisceaux libéro-ligneux.

A l'entrée même de la tige, la membrane rhizogène s'arrête brusquement en dehors des faisceaux libéro-ligneux qui viennent désormais appuyer directement leurs cellules libériennes les plus externes contre les cellules protectrices. Mais elle se continue dans l'intervalle entre les faisceaux pour donner nais-

puisque dans nombre de plantes le pivot lui-même possède un large tissu conjonctif qui peut être parenchymateux.

Mais ailleurs les quatre phases de la transformation ne se montrent que successivement et sont séparées par d'assez longs intervalles. C'est alors la première d'entre elles seulement qui coïncide avec la limite superficielle ; les autres s'opèrent plus ou moins haut dans la tigelle. Et s'il est vrai que ce premier changement suffit à marquer nettement le passage interne de la racine à la tige, il faut convenir cependant que la chose est alors moins saisissante que dans le cas ordinaire. Les Ombellifères, les Conifères, la Balsamine, offrent à cet égard trois modifications distinctes. Ces divers aspects du phénomène proviennent simplement de ce que l'accroissement intercalaire qui produit l'élongation de la tigelle de l'embryon se trouve localisé, suivant les cas, dans des régions un peu différentes de cette tigelle.

J'étudierai dans un prochain travail, avec tous les détails que comporte un sujet aussi délicat, les divers caractères du nœud anatomique qui sépare la racine principale de l tige, tant chez les Monocotylédones que chez les Dicotylédones.

sance, par son bord externe, aux racines adventives dont la disposition en quatre séries est ainsi déterminée, et par son bord interne aux arcs générateurs qui relieront entre eux les arcs générateurs des faisceaux et en formeront une zone génératrice continue.

La membrane protectrice se prolonge dans la tigelle, et, disons-le tout de suite, dans toute l'étendue de la tige et des branches, avec tous les caractères qu'elle possédait dans la racine. Ses cellules présentent sur chaque face latérale une série de courts plissements échelonnés rapprochée de la face interne, et sur chaque face transverse une fine bande d'épaississement, parfois striée en travers, qui relie les deux séries de plissements en un cadre continu. Elles ne possèdent pas de chlorophylle, mais seulement un liquide hyalin et un nucléus ; l'amidon s'y concentre pendant la période germinative ; plus tard elles n'en renferment plus. Par les progrès de l'âge, leur paroi, qui demeure mince, acquiert souvent des reflets irisés analogues à ceux qui caractérisent les assises subéreuses. Les éléments de la zone interne du parenchyme cortical conservent dans toute la tigelle leur disposition en séries radiales et en cercles concentriques, et leurs méats réguliers en forme de losanges ; mais cet arrangement se perd au-dessus des cotylédons (1).

(1) Ainsi, et j'insiste sur ce point, la tige est, comme la racine, et dans toute son étendue, composée d'un cylindre central et d'un parenchyme cortical limité en dehors par un épiderme, en dedans par une membrane protectrice ou endoderme. C'est là le résultat d'une première différenciation opérée dans le parenchyme fondamental. Ensuite le cylindre central se différencie en cordes de tissu cambial allongé et en tissu conjonctif plus ou moins développé qui demeure en général parenchymateux dans la tige, et qui, dans la racine, par exemple dans les grosses racines adventives où il est abondamment développé, tantôt demeure parenchymateux et tantôt se fibrille en tout ou en partie. Enfin les cordes cambiales se différencient à leur tour, et dans la tige elles se divisent en deux moitiés qui se transforment d'une manière différente et en sens inverse pour donner l'une le bois primaire centrifuge, l'autre le liber primaire centripète ; elles constituent ainsi, en définitive, autant de faisceaux libéro-ligneux bipolaires. La moelle de la tige n'est donc pas, comme il paraît généralement admis, de même nature que le parenchyme cortical, dont elle serait la simple continuation à travers les rayons médullaires. La moelle et la partie des rayons médullaires intérieure à la membrane protectrice d'une part, l'écorce avec la partie des rayons médullaires extérieure à cette membrane d'autre part, sont des tissus distincts et d'âge différent. La preuve en est dans la mem-

Que deviennent pendant ce temps nos canaux oléifères? Déjà
en remontant vers la base du pivot, à 3 ou 4 millimètres au-dessous de la limite, on voit les cellules protectrices dédoublées se
remplir d'un liquide rose violacé dépourvu de granules, tandis
que toutes les cellules simples de la membrane demeurent incolores. A la limite même, ce principe colorant dissous apparaît
dans toutes les cellules de l'épiderme. Cette coloration similaire
est une preuve nouvelle d'une certaine correspondance ou équi-
valence entre l'épiderme et l'endoderme; seulement, dans ce
dernier, elle se montre un peu plus tôt et elle y demeure loca-
lisée dans les cellules dédoublées. Pendant que les faisceaux
libériens se bifurquent, les arcs oléifères violacés qui leur correspondent se dédoublent aussi. Deux ou trois canaux, creusés
entre six ou huit cellules rouges, accompagnent chaque nouveau
faisceau libérien, et par conséquent viennent occuper le dos de
chaque faisceau libéro-ligneux, appliquant directement leurs
cellules rouges internes plissées contre les cellules libériennes
les plus externes. Ces canaux sont tous quadrangulaires désormais, car les méats externes des arcs de la racine, qui seuls

brane protectrice qui limite si nettement l'écorce à laquelle elle appartient. La preuve
en est encore dans la formation des racines adventives aux dépens des cellules périphériques du tissu central qui sont directement en contact avec les cellules plissées dans
les intervalles entre les faisceaux; en sorte que cette membrane rhizogène limite nettement le tissu conjonctif central partout où il communique avec le parenchyme cortical.
Une double ceinture sépare ainsi ces deux tissus.

J'appelle donc, comme dans la racine, tissu conjonctif, la partie du cylindre central
non différenciée en faisceaux libéro-ligneux, et parenchyme cortical ou écorce primaire,
tout ce qui est en dehors de la membrane protectrice ondulée, y compris cette membrane.

Le caractère sur lequel je viens d'appeler l'attention se retrouve dans la tige de la
grande majorité des plantes vasculaires; mais il souffre pourtant quelques exceptions.
M. Caspary a montré, en effet, que dans quelques plantes (*Menyanthes trifoliata,
Adoxa moschatellina, Brasenia peltata*) chaque faisceau constitutif de la tige est individuellement entouré par une membrane protectrice à cellules plissées (*Bemerkungen
über die Schutzscheide*, in Pringsheim's *Jahrbücher*, 1865-66, IV, p. 101). J'ai re-
trouvé le même fait sur quelques autres plantes, notamment sur l'*Hydrocleis Humboldtii*. Dans ce cas, il n'y a pas non plus de membrane rhizogène dans les entre-
nœuds de la tige, et il n'existe aucune solution de continuité, aucune distinction réelle
entre le parenchyme cortical et la moelle.

étaient triangulaires, ne se continuent pas dans la tigelle (1).

En même temps commencent à apparaître dans chaque cellule rose, et seulement contre la face qui borde le méat oléifère, de petits granules jaune orangé, de même couleur que l'huile qui remplit ce méat. Ces petits granules bleuissent par l'iode, ils sont donc amylacés. A mesure qu'on s'élève dans la tigelle, ces grains amylacés jaunes, toujours exclusivement appliqués contre le méat, augmentent en grosseur et en quantité, mais le liquide cellulaire demeure violacé et les cellules conservent leur dimension. Dans le tiers supérieur de l'organe il s'opère quelques changements. Les deux canaux oléifères de chaque faisceau se fondent en un seul canal un peu plus large entouré par six cellules. Puis ces cellules se divisent par une cloison parallèle à l'axe du méat. Les cellules externes se décolorent, tandis que les nouvelles cellules de bordure, plus petites, conservent d'abord leur liquide violacé et ont leur paquet de grains jaunes appliqué contre leur face bombée. Enfin, au voisinage des cotylédons, le liquide des cellules de bordure se décolore à son tour, et ces éléments n'ont plus que la couleur jaune orangé que leur donnent leurs nombreux granules. Ce pigment jaune des cellules de bordure paraît dû à une simple transformation des grains de chlorophylle qui se trouvent dans les cellules du parenchyme cortical ; mais il en diffère par l'amidon qu'il renferme.

Ainsi, dès leur entrée dans la tige, les canaux oléifères se transforment progressivement par une spécialisation de plus en plus grande des cellules qui les bordent. Celles-ci, qui dans les racines ne possèdent qu'un nucléus appliqué contre le méat et un liquide incolore dépourvu de granules, acquièrent d'abord un principe colorant rose dissous, puis un pigment jaune en grains amylacés ; enfin elles se divisent en donnant au canal une bordure spéciale de petites cellules qui contiennent tout le pigment. Cette bordure est donc désormais séparée des cellules libériennes externes par un rang de cellules plissées incolores, et le canal

(1) La largeur des méats oléifères de la tigelle, estimée suivant les diagonales du losange, est d'environ $0^{mm},098$.

oléifère est distinct de la membrane protectrice et seulement appliqué contre elle. C'est le caractère qu'il conservera dans toute l'étendue de la tige et de ses ramifications.

Au nœud cotylédonaire, le nombre et la disposition des faisceaux libéro-ligneux et des canaux oléifères se compliquent à la fois. Les quatre faisceaux de la tigelle s'échappent dans les cotylédons. Mais au-dessus de l'insertion de ceux-ci la tige possède quatorze nouveaux faisceaux, six foliaires et huit réparateurs plus puissants, distribués de la manière suivante : La tige est carrée ; il y a un foliaire à chaque angle et un autre au milieu de chacun des côtés qui correspondent aux feuilles de la seconde paire ; il y a deux réparateurs rapprochés sur chaque face répondant aux cotylédons et deux réparateurs séparés par un foliaire sur les deux autres faces. Ces quatorze faisceaux touchent par leurs arcs libériens la membrane protectrice dans laquelle ils déterminent autant d'angles saillants. En dehors de cette membrane et appuyant ses quatre à sept petites cellules de bordure jaunes et amylifères contre les éléments plissés, on trouve un canal oléifère à droite et un autre à gauche de chaque faisceau foliaire ; il y a donc douze canaux. Vers le milieu de l'entre-nœud, les deux réparateurs des faces cotylédonaires produisent entre eux un nouveau faisceau foliaire destiné à la troisième paire et le nombre des faisceaux est porté à seize ; mais les canaux oléifères latéraux des nouveaux foliaires n'apparaissent qu'au nœud suivant par le dédoublement des deux voisins. Et comme en même temps le foliaire médian des deux autres côtés s'échappe avec ses deux canaux, la tige n'a encore dans l'entre-nœud suivant que quatorze, puis seize faisceaux et douze canaux oléifères.

Les choses continuent ainsi jusqu'à la cinquième paire de feuilles. Ensuite les feuilles se dissocient et se disposent en spirale 3/8 ou 5/13. La tige a environ treize faisceaux libéro-ligneux, et les canaux oléifères, qui y accompagnent toujours les faisceaux foliaires de chaque côté de leur arc libérien, sont à un niveau donné en nombre double des faisceaux foliaires formés à ce niveau, c'est à-dire ordinairement dix et quelquefois jusqu'à quatorze.

Ainsi, en aucun point de l'organisation primaire de la tige et des branches, les canaux oléifères ne pénètrent à l'intérieur du cylindre central. Il ne saurait donc s'établir de rapports directs entre eux et les faisceaux libéro-ligneux.

Si, pour nous faire une idée de la phase du développement où apparaissent les canaux oléifères, nous nous élevons maintenant jusqu'au sommet de la tige, nous les trouverons déjà développés avec tous leurs caractères à droite et à gauche des faisceaux foliaires, avant que le premier vaisseau se soit formé dans la partie interne de ces derniers. Les cellules de bordure y présentent déjà la coloration orangée et les grains amylacés caractéristiques, alors qu'aucun grain d'amidon n'existe dans les autres points du tissu.

Du sommet d'une tige âgée, redescendons maintenant vers sa base, pour en étudier les formations secondaires. Considérons, par exemple, l'entre-nœud supérieur aux cotylédons vers la fin de la période végétative. L'écorce primaire subsiste, et ses canaux élargis tangentiellement, pleins d'une huile verdâtre, munis d'une bordure orangée et amylacée, sont toujours en contact immédiat avec la membrane protectrice. Pour se prêter à la dilatation du cylindre central, cette dernière a divisé ses cellules par de nombreuses cloisons radiales, plissées comme les parois latérales primitives et au même endroit. Les faisceaux du cylindre central se sont accrus par la formation, au moyen d'arcs générateurs intra-libériens bientôt confluents en une zone génératrice continue, d'un anneau libéro-ligneux secondaire traversé par des rayons de parenchyme secondaire. Dans la partie libérienne de ces rayons on voit des cellules éparses pleines d'huile essentielle qui s'y développe de dehors en dedans en suivant les progrès de l'âge.

Les formations libéro-ligneuses secondaires présentent donc dans la tige le même caractère que dans la racine. Il s'y superpose de même tardivement au premier appareil oléifère intersti-

tiel si nettement caractérisé et cortical, un second appareil cellulaire, intérieur au liber des faisceaux et assez diffus.

Feuille.

Chaque cotylédon entraîne deux des faisceaux principaux de
la tigelle qui se réunissent pour former sa nervure médiane, et
en outre il reçoit deux branches latérales provenant de la bifur-
cation de deux faisceaux nouvellement formés dans les intervalles
qui correspondent aux feuilles de la seconde paire. Il a donc trois
nervures à sa base. Les canaux oléifères qui, dans la tigelle, occupent le dos des deux faisceaux principaux, s'incurvent avec
ces faisceaux, mais ils s'arrêtent à la base du cotylédon. Cependant le cotylédon renferme de l'huile essentielle. Elle y est contenue dans deux séries de poches sphériques qui longent, au
nombre de huit à douze pour chaque série, les deux bords du
limbe, et que l'on aperçoit à la face inférieure de la feuille comme
autant de petits cercles d'un rouge violacé. Ces poches sont creu-
sées dans le parenchyme de la face inférieure du limbe; elles
sont pleines d'une huile jaune orangée ou verdâtre, et bordées
de plusieurs séries concentriques de cellules à pigment jaune
amylacé. Sur tout le cercle superposé à la poche, l'épiderme inférieur, qui en est très-voisin, est dépourvu de stomates et a ses
cellules remplies du principe colorant rose violacé que nous y
avons déjà rencontré dans la tigelle.

La feuille ordinaire prend à la tige trois faisceaux. Le médian
y passe avec ses deux canaux; chacun des deux latéraux, provenant du dédoublement d'un faisceau foliaire de la tige, n'y entraîne qu'un seul canal situé du côté qui regarde le faisceau médian. En sorte que près de son insertion la feuille a trois faisceaux
libéro-ligneux et quatre canaux oléifères.

Chaque faisceau foliaire, en émergeant, demeure enveloppé
dans la membrane protectrice qui se replie tout autour de lui
pour lui former une gaine individuelle. Le parenchyme ambiant
du pétiole, étant le prolongement pur et simple du parenchyme
cortical de la tige, ne se sépare pas, comme le parenchyme fon-

damental de la racine et de la tige en deux régions par une membrane protectrice générale tangente à tous les faisceaux.

Si de l'insertion on remonte le long du pétiole, on voit bientôt les deux canaux appartenant aux deux faisceaux latéraux s'arrêter. Les deux canaux qui accompagnent le faisceau médian cheminent jusque vers l'insertion de la première paire de larges segments, qui est la quatrième paire de segments latéraux en comptant les stipulaires. Au-dessus de ce point, le pétiole ne possède plus de canaux continus. Aucun de ces canaux ne se rend d'ailleurs dans les segments latéraux. Les segments du limbe de la feuille renferment seulement, de chaque côté de leur nervure médiane, une série de grandes poches sphériques oléifères bordées de cellules spéciales qui contiennent des grains amylifères orangés. Ces poches sont très-rapprochées du bord, aux dents duquel elles correspondent assez régulièrement (1). Comme les faisceaux, elles sont situées dans le parenchyme de la face inférieure de la feuille, au voisinage de l'épiderme qu'elles soulèvent. Vers la fin de la période végétative, on trouve souvent les cellules sécrétantes en partie résorbées, et il n'est pas rare de voir les cellules épidermiques se détruire aussi au centre de la proéminence, de manière à laisser écouler au dehors l'huile essentielle. A la proéminence succède alors une dépression.

Il n'est peut-être pas inutile de faire remarquer ici que les poches oléifères du limbe foliaire des *Tagetes* ont une origine, un mode de développement, en un mot, une valeur anatomique différente de celle des glandes intérieures de la feuille des Orangers, des Myrtes, des Rues, etc., auxquelles une certaine analogie de position, de forme et de contenu, pourrait tout d'abord les faire assimiler. On sait en effet, d'une façon précise, depuis le travail récent de M. Martinet (2), que les glandes intérieures des *Citrus* sont, à l'origine, des masses compactes de cellules po-

---

(1) Dans la feuille du *Tagetes erecta*, les poches oléifères sont plus nombreuses. Outre ses deux séries marginales, chaque segment y présente, en effet, deux autres séries de poches plus rapprochées de la nervure médiane.

(2) J. B. Martinet, *Organes de sécrétion des végétaux* (Ann. des sc. nat., 5e série, 1872, t. XIV, p. 114 et suiv.).

lyédriques qui diffèrent du tissu ambiant par leur dimension et leur contenu. Plus tard, et sans qu'il s'y creuse un méat intercellulaire central, les cellules de cette masse résorbent leurs parois du centre à la circonférence, et laissent en liberté, dans la cavité ainsi constituée, l'huile essentielle qu'elles ont produite dans leur intérieur. Les poches oléifères de la feuille des Tagétinées ne sont au contraire que des canaux sécréteurs interrompus, et en quelque sorte émiettés.

Pédoncule floral.

Tantôt le pédoncule floral fistuleux a huit côtes et produit un involucre à huit bractées disposées suivant une spire 3/8 en une sorte de calice gamosépale denté. Tantôt il n'a que cinq côtes et se termine par un involucre calicoïde à cinq dents. Dans ce second cas, on compte vingt faisceaux libéro-ligneux appuyés directement contre la membrane protectrice qui sépare le parenchyme cortical du tissu conjonctif. Il y a cinq faisceaux principaux aux angles, cinq plus petits au milieu des côtés, et dix autres alternes beaucoup plus faibles et réduits souvent à des filets de tissu allongé sans trace de vaisseaux. Les canaux oléifères appuient, comme dans la tige, leurs cellules de bordure orangées et amylifères contre les cellules plissées, et ils accompagnent de chaque côté les cinq faisceaux principaux. Il y en a donc dix dans un pareil pédoncule.

Involucre.

Chaque bractée de l'involucre entraîne trois faisceaux ; le médian y pénètre avec ses deux canaux latéraux. Mais ces derniers s'interrompent bientôt, puis reprennent pour s'interrompre de nouveau, et ainsi de suite, formant de chaque côté de la nervure médiane une série de cinq ou six poches oléifères fort allongées. Ces poches sont situées, comme les nervures elles-mêmes, dans le parenchyme de la face inférieure de la feuille, où elles proéminent. Elles sont bordées de cellules spéciales orangées et amyli-

fères, et la couche de fibres sous-épidermiques s'interrompt au-
dessous d'elles.

Les choses se passent donc dans la bractée à peu près comme
dans le cotylédon et comme dans chacun des segments latéraux
d'une feuille ordinaire.

Pédicelle.

Au-dessus de l'involucre, le pédoncule floral, redevenu plein,
émet en spirale 5/13 des fascicules très-ténus pour des bractées
florales extrêmement peu développées, et à l'aisselle de chaque
fascicule deux faisceaux latéraux destinés au pédicelle floral.
Pendant leur trajet oblique à travers le parenchyme cortical, il
se forme entre ces derniers un large canal oléifère bordé de six
à huit cellules orangées pourvues de grains d'amidon appliqués
contre la face qui touche le canal. Arrivés à la périphérie, ces
deux faisceaux s'unissent en cercle, et le canal est compris au
centre de la petite moelle qu'ils circonscrivent.

Ainsi, fait curieux et que l'étude des axes végétatifs était loin
de nous faire prévoir, le pédicelle floral possède un seul canal
oléifère au centre de sa moelle.

Ce petit cercle ne tarde pas d'ailleurs à émettre une série de
branches vasculaires dans le parenchyme cortical externe, tandis
qu'il reste au centre un anneau entourant le canal oléifère axile.
Les faisceaux externes s'élèvent dans la paroi de l'ovaire infère,
et ils sont destinés à former tous les appendices de la fleur. Le
petit anneau central perd bientôt son canal sécréteur, qui s'arrête
brusquement à la base même de l'ovaire, et il se résout en un
faisceau unique qui pénètre dans l'enveloppe de la graine.

Ce faisceau remonte ensuite tout le long d'un côté de la graine
jusqu'à la chalaze, puis redescend du côté opposé jusque vers le
micropyle. Le plan principal de l'embryon, c'est-à-dire le plan
qui passe par l'axe de la tigelle et les nervures médianes des
deux cotylédons, est perpendiculaire au plan de symétrie de la
graine ainsi déterminé.

Fleur.

On ne trouve de canaux ou de poches oléifères ni dans la paroi complexe de l'ovaire infère, ni dans l'enveloppe de la graine, ni dans les écailles calicinales, ni dans le style, ni dans le tube de la corolle. Cependant, à partir du point où ce tube se fend et s'étale, on y voit apparaître des poches oléifères, disposées notamment en deux séries qui longent les bords de la corolle étalée, entre l'avant-dernier faisceau et le dernier. Ces poches sont allongées et analogues à celles de l'involucre.

Embryon.

Enfin, pour compléter cette étude, jetons un coup d'œil sur les diverses parties de l'embryon.

Le cône radiculaire de l'embryon a déjà sa membrane protectrice dédoublée suivant deux arcs opposés, et entre les cellules dédoublées on distingue des méats quadrangulaires très-étroits, n'ayant que $0^{mm},002$ de diamètre, et moins encore; mais je n'y ai pas constaté avec certitude la présence de l'huile. Dans la tigelle, la membrane protectrice présente quatre arcs de cellules dédoublées, rapprochés deux par deux, et creusés de méats où la présence de l'huile jaune ne m'a paru certaine qu'au voisinage des cotylédons. Enfin les cotylédons montrent le long de leurs bords des sortes de noyaux de cellules disposées concentriquement, et au centre de ces noyaux se trouve une petite cavité pleine d'huile jaune.

Ainsi l'embryon renferme de l'huile essentielle dans ses cotylédons, il n'en possède pas encore dans sa tigelle et dans sa radicule où l'appareil destiné à la contenir est cependant tout formé. Toutefois, ni dans la tigelle, ni dans les cotylédons, je n'ai trouvé d'amidon dans les cellules qui bordent la cavité oléifère. L'huile existe donc dans la cavité avant que l'amidon ait apparu dans les cellules de bordure.

De cette localisation de l'huile dans les cotylédons et dans la région supérieure de la tigelle de l'embryon, et de cette circonstance que dans la plante développée les canaux de la racine et de la partie inférieure de la tigelle ne sont pas, comme dans la tige, bordés par de petites cellules spéciales contenant un protoplasma divisé en grains amylacés de couleur orangée, on pourrait être tenté de conclure que l'huile se forme tout d'abord dans les cotylédons et dans la région de la plante située au-dessus d'eux, et que c'est de là qu'elle s'écoule ensuite dans le pivot et dans ses ramifications. L'expérience suivante montre qu'il n'en est rien.

A dix embryons de grand Œillet d'Inde (*Tagetes erecta*) et à dix embryons de grand Soleil (*Helianthus annuus*), on enlève le cône radiculaire, et l'on met ces dix radicules à germer sur de la ouate humide à une température de 22 à 25 degrés, à côté de deux embryons de ces mêmes plantes, entiers, mais dénudés, et qui serviront de témoins.

Après vingt-quatre heures, les radicules, qui, au début, atteignent à peine un demi-millimètre de longueur, se sont développées en racines très-grêles étendues sur le lit d'ouate, longues de 8 à 10 millimètres, couvertes de poils blancs dans leur moitié la plus âgée. Elles ne portent pas de radicelles, mais sont aussi longues que les pivots plus épais des plantules témoins. Ces racines isolées s'accroissent encore un peu le second jour, puis demeurent stationnaires, et finissent par s'altérer et moisir. La structure en est de tout point semblable à celle du pivot normal de même âge. Mais surtout, et c'est ce qui nous intéresse plus particulièrement ici, on constate la présence d'une huile essentielle jaune verdâtre dans les étroits méats quadrangulaires creusés dans la membrane protectrice dédoublée, et qui sont rapprochés en arc au dos de chaque faisceau libérien.

L'huile essentielle renfermée dans les canaux oléifères du pivot et de ses ramifications s'y forme donc sur place, indépendamment de la tige et des feuilles, et elle y est sécrétée directement par les cellules dédoublées de la membrane protectrice.

Résumé.

Telle est la structure et tel est le mode de répartition de l'appareil oléifère dans l'ensemble de la plante et aux divers états de son développement.

En résumé, nous avons rencontré dans l'OEillet d'Inde cinq sortes d'organes producteurs d'huile essentielle :

1° Dans la racine, ce sont des canaux continus fort étroits, quadrangulaires et triangulaires, non bordés de cellules spéciales différentes des cellules protectrices elles-mêmes, rapprochés d'abord côte à côte au nombre de cinq à neuf au dos de chaque faisceau libérien primitif, mais s'écartant plus tard et tendant à se distribuer uniformément au pourtour du cylindre central élargi. Ils sont situés dans le parenchyme cortical, mais bien près de sa limite interne, puisqu'ils sont creusés dans l'épaisseur même de l'endoderme.

2° Dans la tige, et déjà au-dessous des cotylédons, ce sont des canaux continus bordés de cellules spéciales plus petites que les cellules ambiantes, et pourvus de grains de protoplasma amylacés de couleur orangée appliqués contre la face bombée qui touche le méat, grains qui paraissent résulter d'une altération particulière des grains de chlorophylle. Ces canaux bordés continuent ceux de la racine; ils sont distincts de la membrane protectrice contre laquelle ils appuient leur bordure. Excepté dans la tigelle, où ils occupent le dos de chacun des quatre faisceaux libéro-ligneux, ils sont situés un à droite et un à gauche de chaque faisceau foliaire du cylindre central.

Ni dans la tige, ni dans la racine, ces canaux ne pénètrent à l'intérieur du cylindre central. Ils n'ont donc et ne peuvent avoir aucun lien direct avec les faisceaux libériens ou ligneux.

3° Dans les feuilles, les canaux à bordure jaune et amylacée de la tige se continuent d'abord dans le pétiole, puis ils s'arrêtent sans pénétrer dans le limbe, où ils sont remplacés par des poches arrondies ou allongées qui possèdent la même structure que les canaux eux-mêmes.

4° Dans le pédicelle floral, c'est un canal unique situé au centre
de la moelle, et l'organe est dépourvu de canaux corticaux.

5° Enfin, dans les productions secondaires que le jeu des arcs
générateurs d'abord, puis de la couche génératrice qui résulte
de la confluence de ces arcs à travers la membrane rhizogène,
introduit dans le cylindre central, et cela aussi bien dans la tige
que dans la racine, on voit apparaître de l'huile essentielle dans
des cellules spéciales. Ces cellules oléifères appartiennent aux
rayons de parenchyme secondaire, et seulement à la partie libérienne de ces rayons. Elles y sont isolées, ou groupées irrégulièrement au milieu des cellules ordinaires incolores.

II. — MODIFICATIONS DE L'APPAREIL OLÉIFÈRE DANS LES DIVERS GENRES DE LA FAMILLE.

Dans la première partie de ce chapitre j'ai décrit la structure
et le mode de distribution des canaux oléifères dans les divers
organes de l'Œillet d'Inde. Il me reste à étudier les modifications
secondaires que cette structure et cette distribution subissent
dans les principaux genres des différentes tribus de la famille
des Composées.

Racine.

Dans l'organisation primaire de cet organe, sur laquelle j'ai
surtout porté mon attention, les canaux oléifères affectent,
partout où ils existent, la même structure et la même position.
Ce sont toujours, comme dans l'Œillet d'Inde, de très-étroits
méats creusés dans la membrane protectrice dédoublée locale-
ment à cet effet, non bordés de cellules spéciales différentes des
cellules protectrices elles-mêmes, disposés au dos de chaque
faisceau libérien primitif, dont leur cavité n'est séparée que par
les cellules plissées et par les éléments de la membrane rhizogène, alternes par conséquent avec les faisceaux vasculaires
primordiaux. Ces canaux sont le plus souvent quadrangulaires
et associés côte à côte en formant autant d'arcs oléifères qu'il

y a de faisceaux libériens; les méats extrêmes de chaque arc
sont seuls triangulaires.

Dans le jeune âge, deux canaux consécutifs ne sont séparés
que par une seule épaisseur de cellule, ou plus exactement par
deux cellules superposées qui les bordent à la fois tous les deux;
mais plus tard ils s'écartent de plus en plus par la division répétée
de ces deux cellules au moyen de cloisons radiales qui sont toutes
plissées dans la cellule interne. Entre les nouvelles cellules ainsi
formées il ne se creuse pas de méats oléifères, de sorte que le
nombre des canaux primitifs demeure constant. De plus, comme
il ne se fait dans les cellules plissées aucune cloison tangentielle,
les canaux demeurent toujours en contact avec la membrane
protectrice, et ils ne font que la suivre dans son extension pour
se distribuer peu à peu uniformément à la périphérie du cylindre
central élargi.

Dans aucun cas la racine ne possède, pendant sa période
primaire, de canaux oléifères dans son cylindre central, soit
dans les faisceaux libériens, soit dans le tissu conjonctif, même
quand ce dernier est très-développé, qu'il soit parenchymateux,
comme dans les racines adventives à 9 ou 10 faisceaux du
Conyza Gouani, ou fibreux, comme dans les racines adventives
à 8 ou 10 faisceaux de l'*Eupatorium aromaticum*.

Voilà ce qui demeure constant. Ce qui varie d'un genre à
l'autre, c'est le nombre des canaux associés qui correspondent
à chaque faisceau libérien. Pour obtenir, sous ce rapport, des
résultats comparables, il est nécessaire d'observer d'abord que
ce nombre n'est pas absolument le même pour les divers faisceaux libériens d'une même racine, et surtout qu'il change si
l'on compare dans la même plante deux racines ayant dans leur
cylindre central un nombre différent de faisceaux constitutifs.
Il est, jusqu'à un certain point, en relation avec la largeur du
faisceau libérien, et il croît et diminue avec elle. Cependant si
l'on supprime cette source de variations individuelles en ne
comparant d'un genre à l'autre que des racines du même type
numérique et en ne considérant que des nombres moyens, on
réussit à mettre en évidence une simplification numérique liée

à l'organisation des diverses tribus, et dont je voudrais indiquer le sens et fixer les principaux degrés.

Le nombre moyen des canaux adossés à chaque faisceau libérien est tantôt plus grand et tantôt plus petit que dans le *Tagetes patula*, où nous comptions d'ordinaire dans le pivot binaire 5-7 méats oléifères, et où la membrane protectrice se divisait en arcs sensiblement égaux, alternativement simples et dédoublés.

Il paraît constamment plus grand dans les plantes de la tribu des Cinarées. Ainsi le *Serratula centauroides* a dans une racine adventive quaternaire 12 à 15 méats oléifères rapprochés en arc au dos de chaque faisceau libérien, tandis qu'en face de chaque lame vasculaire il ne subsiste que deux cellules protectrices non dédoublées, ou même une seule. La racine principale binaire du *Cirsium arvense* a deux arcs oléifères extra-libériens comprenant chacun 15 à 20 méats. Les pivots binaires des *Carduus pycnocephalus*, *Silybum Marianum*, *Xeranthemum cylindraceum*, ainsi que les radicelles binaires ou ternaires des *Centaurea atropurpurea*, *Echinops exaltatus*, ont également leurs méats oléifères associés, au nombre d'une dizaine au moins, en dehors de chaque faisceau libérien.

Le nombre des canaux diminue dans les Calendulacées ; car si l'on compte encore 8 à 10 méats oléifères vis-à-vis de chaque faisceau libérien et cinq cellules protectrices non dédoublées vis-à-vis de chaque faisceau vasculaire dans la radicelle binaire du *Calendula officinalis*, il n'y a plus que 3-5 canaux dans le *Venidium calendulaceum*, et le nombre des cellules protectrices non dédoublées s'en accroît d'autant.

Mais la décroissance progressive est surtout marquée chez les Sénécionidées, comme on en jugera par les exemples suivants : *Helianthus annuus*, pivot quaternaire, 5-8 canaux ; *Gnaphalium citrinum*, racine binaire, 5-8 ; *Tagetes patula*, pivot binaire, 5-7 ; *Tanacetum vulgare*, *Arnica Chamissonis*, racine quaternaire, 4-6 ; *Santolina Chamaecyparissus*, racine quaternaire, 3-5 ; *Anthemis Pyrethrum*, racine ternaire, 3 ; *Cotula matricarioides*, racine ternaire, 2 ; *Achillea Millefolium*, racine ternaire, 1-3 ; *Senecio vulgaris*, racine quaternaire, 2 se fusionnant quelquefois en un seul ; *Chrysanthemum Parthenium*, racine ternaire, 1, très-rarement 3.

Dans la tribu des Astéracées, la réduction numérique des canaux se fixe à son minimum. Car si une racine ternaire d'*Inula montana* a encore en dehors de chaque faisceau libérien un arc de 6 à 8 méats, on ne trouve dans une racine également ternaire de *Bellis perennis* qu'une seule cavité oléifère fort étroite, formée par le dédoublement de deux cellules protectrices contiguës. Il n'y a non plus qu'un seul canal, encore quadrangulaire, mais un peu plus large, dans une racine quaternaire d'*Erigeron glabellus*, se dilatant davantage dans les *Aster* et les *Conyza* par l'écartement total des deux cellules externes qui lui permettent de s'appuyer sur les cellules du troisième rang et de prendre une forme hexagonale, devenant énorme enfin et cylindrique dans une racine quaternaire de *Solidago limonifolia*, par suite de la dissociation complète et du grand écartement latéral des cellules du troisième, du quatrième et même du cinquième rang.

De leur côté, les Eupatoriacées présentent des différences numériques du même ordre. Ainsi une racine ternaire de *Tussilago Farfara* a, dans chaque arc supra-libérien, 5-7 méats oléifères ; il y en a encore 2-3 dans une racine également ternaire d'*Ageratum conyzoides* ; il n'y en a plus qu'un seul, plus large et rendu hexagonal par la dissociation des deux cellules du second rang, dans le *Petasites niveus* et l'*Eupatorium aromaticum*.

Enfin, comment se comporte la racine des Chicoracées sous le rapport des canaux oléifères ?

On sait que les divers organes des plantes de cette tribu sont abondamment pourvus de vaisseaux laticifères anastomosés qui ont fixé l'attention de nombreux anatomistes. Aussi me bornerai-je à dire ici que dans l'organisation primaire de la racine, où ils ne paraissent pas avoir été étudiés, les laticifères appartiennent aux groupes libériens primitifs dont ils ne sont que certaines files de cellules transformées. Ils sont assez irrégulièrement mélangés aux autres cellules libériennes. Dans le très-jeune âge il semble même que tous les éléments libériens soient également remplis de latex, et que ce ne soit que plus tard que le suc laiteux se localise dans certaines cellules. Il n'y a pas de laticifères dans le tissu conjonctif, même quand il est très-développé, comme dans les racines adventives à 6 ou 8 faisceaux de l'*Hieracium cymosum*, par exemple. Plus tard, il se forme de nouveaux laticifères dans le liber secondaire issu du jeu externe de l'arc générateur; ils sont associés aux vaisseaux grillagés dans les rayons d'éléments allongés; les rayons de parenchyme secondaire qui séparent ces derniers en sont dépourvus. Souvent on observe dans les rayons libériens une alternance assez régulière entre les éléments grillagés et les laticifères. Ainsi dans l'*Hieracium cymosum*, par exemple, chaque cellule génératrice produit alternativement deux cellules grillagées à section carrée côte à côte, et un vaisseau laticifère ayant une largeur double et la même épaisseur; plus tard les choses se dérangent un peu.

En résumé, les vaisseaux laticifères de la racine des Chicoracées appartiennent exclusivement au cylindre central; aucun d'eux ne franchit la membrane rhizogène. Les canaux oléifères appartenant, au contraire, au parenchyme cortical, on peut concevoir à priori la coexistence possible de ces deux appareils qui semblent indépendants. Toutefois il n'en est pas ainsi, au moins dans la plupart des cas. Ainsi je n'ai rencontré aucun canal oléifère dans la majorité des Chicoracées, à la place où la racine des autres Composées en possède toujours, et la membrane protectrice y demeure simple, aussi bien en dehors des faisceaux libériens que des faisceaux vasculaires (*Hieracium cymosum*, *Lactuca sativa*, *Hypochœris radicata*, *Tragopogon crocifolius*, *Chondrilla brevirostris*, *Taraxacum Dens-leonis*, etc.). Mais déjà dans le pivot binaire du *Cichorium Intybus* et du *Lampsana communis*, je vois s'opérer en face des faisceaux libériens le dédoublement de quatre ou cinq cellules plissées, sans toutefois que les angles de ces cellules dédoublées s'arrondissent pour former des méats oléifères. Enfin le phénomène annoncé par ce dédoublement s'achève dans le *Scolymus grandiflorus*, où la membrane protectrice, dédoublée encore en face de chaque faisceau libérien s'y creuse en outre de cinq canaux oléifères rapprochés en arc, absolument comme dans le *Tagetes patula* : ce qui n'empêche pas un latex abondant de se former dans certains éléments du faisceau libérien. Ici donc les deux appareils coexistent dans le même organe, et sous ce rapport, comme sous plusieurs autres, les *Scolymus* se montrent intermédiaires aux Chicoracées vraies et aux Cinarées. Nous verrons tout à l'heure que ce passage, déjà annoncé par les *Cichorium* et *Lapsana*, ne s'opère pas seulement vers les Cinarées par l'intermédiaire de certaines Chicoracées, mais encore en sens inverse.

Jetons maintenant un coup d'œil sur l'organisation secondaire de la racine. Au point de vue qui nous occupe, les modifications présentées par les productions secondaires issues d'arcs générateurs d'abord distincts, bientôt confondus en une couche génératrice continue, sont beaucoup plus étendues que celles que nous ont offertes les formations primaires, et ces variations s'observent dans les plantes de la même tribu. N'ayant pas à ce sujet de documents suffisants pour me livrer utilement à une comparaison un peu étendue, je me bornerai à citer deux exemples. Parmi les Cinarées, si l'on étudie la racine âgée du *Centaurea atropurpurea*, on voit se former, dans le liber secondaire issu du jeu externe de l'arc générateur, des canaux oléifères bordés de quatre cellules spéciales et disposés au milieu des cellules grillagées en autant de séries radiales simples ou doubles qu'il y a de bandes rayonnantes de tissu grillagé. Il ne se forme pas d'huile essentielle dans les cellules des rayons de parenchyme qui séparent ces bandes. Dans l'*Echinops exaltatus*, au contraire, les arcs générateurs ne forment pas de canaux oléifères dans le tissu grillagé du liber secondaire. Mais en revanche il se fait de l'huile essentielle dans les cellules mêmes des rayons de parenchyme, et cela aussi bien dans la moitié ligneuse que dans la moitié libérienne de ces rayons. Dans les Sénécionidées, on observe la même différence entre la racine des *Helianthus*, où la couche génératrice produit des canaux oléifères bordés de quatre cellules et entremêlés aux éléments grillagés, et les *Tagetes*, où il ne se forme d'huile essentielle que dans des cellules disséminées dans la moitié libérienne des rayons de parenchyme.

Tige.

Les canaux oléifères de la tige des Composées sont toujours isolés, bordés de quatre ou quelquefois d'un plus grand nombre de cellules spéciales, mais ces cellules de bordure n'y présentent plus, en général, ces grains d'amidon colorés en jaune orangé et appliqués contre la face interne qui donnent aux canaux des *Tagetes* un caractère si remarquable. Elles sont seulement beaucoup plus petites que les cellules ambiantes, et remplies d'un liquide incolore finement granuleux, souvent presque hyalin, au milieu duquel on voit fréquemment de petits grains de chlorophylle. La présence dans les cellules de bordure d'un pigment amylacé couleur de rouille, toute constante qu'elle est dans l'OEillet d'Inde, n'est donc pas indispensable à la fonction oléigène de ces cellules, comme on le voyait déjà par son absence dans la racine de cette plante ; mais ce sujet mérite de nouvelles recherches. Ce système de canaux bordés et isolés continue celui de la racine et se conserve appuyé contre la membrane protectrice dont les plissements demeurent partout très-nets. Quelquefois même, comme dans le *Cineraria maritima* par exemple, le canal est entaillé directement dans une cellule protectrice (1).

Ce qui varie dans les différents genres, c'est le nombre des canaux et leur disposition par rapport aux faisceaux libéro-ligneux, et l'on observe à cet égard, dans l'organisation primaire de la tige, des modifications beaucoup plus étendues que dans la racine où la distribution de ces petits organes était bien uniforme. C'est qu'en effet il intervient ici un élément nouveau.

(1) Remarquons encore que dans les parties souterraines de la tige les cellules de bordure sont hyalines et presque aussi larges que les cellules ambiantes, à peine spécialisées en apparence. Même il y a des plantes, comme le *Tussilago Farfara* par exemple, et le *Cirsium arvense*, où les canaux de la tige souterraine sont rapprochés côte à côte et creusés directement, comme dans la racine, ou comme dans la moitié inférieure de la tigelle, dans l'épaisseur de la membrane protectrice.

Dans la racine primaire nous ne trouvions jamais de canaux oléifères à l'intérieur du cylindre central, notamment dans le tissu conjonctif, et cette exclusion absolue paraît régner aussi dans toute la longueur de la tigelle hypocotylée, à en juger du moins par l'*Helianthus annuus*. Mais il y a de nombreuses Composées qui, outre l'appareil oléifère cortical, présentent, dans la zone périphérique de la moelle de la tige épicotylée, au voisinage des pointes internes des faisceaux libéro-ligneux, des canaux oléifères bordés de cellules spéciales. De telle sorte qu'on peut distinguer, dans l'organisation primaire de la tige, trois modifications principales présentant chacune des variations secondaires.

1° La tige ne possède pas de canaux oléifères, ni dans son parenchyme cortical, ni dans son cylindre central, tandis que la racine en possède. Cela se voit dans l'*Echinops exaltatus*, le *Gnaphalium citrinum* et quelques autres; mais ce sont là en quelque sorte des exceptions. Cela se voit encore dans le *Scolymus grandiflorus*, seule Chicoracée dont la racine m'ait montré des canaux oléifères, et il est à peine utile d'ajouter que dans les autres Chicoracées la tige est également dépourvue de ces organes.

2° La tige, comme la racine, ne possède de canaux oléifères que dans le parenchyme cortical, où ils s'appuient directement contre l'endoderme. C'est le cas que nous avons développé dans le *Tagetes patula*. Le mode de distribution des canaux à cette profondeur, par rapport aux faisceaux libéro-ligneux qui viennent appuyer directement leurs éléments libériens externes contre la membrane protectrice, y introduit plusieurs modifications secondaires :

a. Il y a un canal au dos de chaque faisceau foliaire; les réparateurs n'en ont pas. Ex. : *Senecio vulgaris*, *Kleinia ficoides*, *Cineraria maritima*, *Flaveria Contrayerva*, *Bellis perennis* (deux faisceaux foliaires opposés, deux canaux), *Petasites niveus*, etc.

b. Un canal au dos de chaque faisceau foliaire; les réparateurs ont autant de canaux dorsaux rapprochés qu'ils vont donner de foliaires en se divisant. Ex. : *Aster*, etc.

c. Chaque faisceau foliaire a deux canaux, un à droite et un

à gauche, au voisinage des cornes de l'arc libérien ; les réparateurs n'en ont pas. Ex. : *Tagetes patula, Arnica Chamissonis,
Tanacetum vulgare, Cotula matricarioides, Anthemis Pyrethrum, Chrysanthemum Parthenium, Santolina Chamæcyparissus, Achillea Millefolium, Zinnia elegans*, etc. ; en un mot,
la plupart des Sénécionidées, auxquelles il faut joindre l'*Inula
montana*, le *Cirsium arvense*, etc.

d. Il y a un nombre impair de canaux, 3 à 5 par exemple,
disposés en arc en dehors de chaque faisceau foliaire ; les réparateurs n'en ont pas. Ex. : *Centaurea atropurpurea*, etc.

e. Il y a un nombre pair de canaux, disposés en deux groupes de deux ou trois chacun aux cornes du faisceau libérien.
Ex. : *Silybum Marianum*, etc.

3° La tige possède toujours des canaux corticaux contre la
membrane protectrice, mais en outre il se forme, au-dessus
des cotylédons, d'autres canaux dans la zone externe de la
moelle, au voisinage de la pointe interne des faisceaux libéro-
ligneux. Ces étroits canaux tranchent d'ordinaire sur la moelle
incolore par les grains de chlorophylle que renferment leurs
petites cellules de bordure. Cela se présente, entre autres, dans
beaucoup de Cinarées ; mais encore ici interviennent de nombreuses variations secondaires dont voici les principales :

a. Un petit nombre seulement des faisceaux, deux par
exemple, ont un canal ventral. Ex. : *Ageratum conyzoides*.

b. Chaque faisceau foliaire a un canal dorsal et un ventral.
Ex. : *Solidago limonifolia*, où ces canaux sont fort larges et
pleins d'une huile incolore, à odeur de savon.

c. Un canal ventral et plusieurs dorsaux à chaque faisceau
foliaire. Ex. : *Serratula centauroides, Dahlia variabilis*, etc.

d. Plusieurs canaux ventraux disposés en deux groupes aux
cornes de l'arc fibreux interne, et plusieurs canaux dorsaux
disposés de la même manière. Ex. : *Carduus pycnocephalus,
Spilanthes fusca*, etc.

e. Un arc de canaux ventraux et un arc de canaux dorsaux.
Ex. : *Helianthus tuberosus*, etc.

A ces trois modifications principales de la jeune tige, l'intro-

duction des formations libéro-ligneuses secondaires, issues des
arcs générateurs bientôt confondus en une couche continue,
vient en superposer plusieurs autres. Ces formations secondaires
présentent les mêmes caractères dans toute l'étendue de la
plante, racine, tige ou feuille. Là donc où, comme nous l'avons
vu, il se forme des canaux oléifères dans le liber secondaire de
la racine au milieu du tissu grillagé, il s'en fera également dans
la tige (*Centaurea atropurpurea*, *Helianthus tuberosus*, etc.).
Là, au contraire, où il ne se développe dans la racine que des
cellules oléigènes disséminées dans les rayons de parenchyme
secondaire, les choses se passeront de même dans la tige (*Echinops exaltatus*, *Tagetes patula*, etc.).

Feuille

Les canaux oléifères du pétiole ou de la nervure médiane des
feuilles des Composées sont comme ceux de la tige, dont ils sont
le prolongement, bordés de cellules spéciales au nombre de
quatre originairement. Ils sont placés contre la membrane protectrice qui enveloppe individuellement les faisceaux libéro-
ligneux de la feuille, et de manière que leurs cellules de bordure, tantôt touchent immédiatement les cellules plissées, tantôt
en soient séparées par une ou plusieurs cellules ordinaires. Quelquefois, comme dans le *Tussilago Farfara*, le *Cineraria maritima*, etc., on voit le canal entaillé dans l'épaisseur même de la
membrane protectrice, comme s'il provenait de la division en
quatre d'une de ses cellules. Ces canaux accompagnent ordinairement les nervures dans le limbe où ils demeurent continus,
mais quelquefois ils se rompent à leur entrée dans le limbe en
poches oléifères arrondies ou allongées, et ces deux manières
d'être différentes se rencontrent déjà dans les cotylédons, comme
on peut le voir dans les *Helianthus* d'une part et les *Tagetes* de
l'autre.

Outre ce premier système de canaux oléifères lié aux faisceaux, j'ai trouvé dans le *Solidago limonifolia*, où ces canaux
sont très-larges et pleins d'une huile parfaitement incolore et

limpide, un système de canaux sous-épidermiques bordés aussi de cellules spéciales, mais beaucoup plus étroits et contenant un liquide sombre qui tient en suspension de nombreux granules opaques. Il y a, à la face inférieure de la feuille, trois à cinq de ces canaux externes de chaque côté de la nervure médiane ; leurs cellules de bordure sont séparées de l'épiderme par un ou deux rangs de cellules collenchymateuses.

Dans le nombre et dans la disposition des canaux ordinaires par rapport aux faisceaux du pétiole, on remarque les principales modifications suivantes :

1° La feuille n'a pas de canaux oléifères, quand la racine en possède. Cela a lieu toutes les fois que la tige elle-même en est dépourvue au niveau de l'insertion. Ex. : *Echinops exaltatus*, *Gnaphalium citrinum*, feuilles caulinaires du *Lappa grandiflora*. Mais cela peut se présenter aussi quand la tige possède à ce niveau des canaux oléifères bien développés, qui, après avoir pénétré dans la base de la feuille, s'y arrêtent aussitôt. Ex. : *Xeranthemum cylindraceum*, *Cirsium arvense*, feuilles radicales du *Lappa grandiflora*. Il va sans dire que les feuilles des Chicoracées sont toujours dépourvues de canaux oléifères.

2° Les faisceaux n'ont de canaux que sur leur face inférieure, dorsale ou libérienne. Il en est ainsi toutes les fois que la tige elle-même ne possède pas de canaux médullaires. Voici les principales modifications secondaires :

a. Un seul canal au dos de chaque faisceau, occupant le milieu de l'arc libérien. Ex. : *Senecio vulgaris*, *Bellis perennis* (faisceau médian seulement), *Aster*, *Tussilago Farfara*, *Petasites niveus*, etc.

b. Un nombre impair de canaux, 3-5 par exemple, formant un arc dorsal. Ex. : *Erigeron glabellus*, *Conyza Gouani*. Il y a des transitions entre ce cas et le précédent.

c. Deux canaux, un à chaque corne de l'arc libérien. Ex. : *Arnica Chamissonis*, *Tagetes patula*, *Tanacetum vulgare*, *Cotula matricarioides*, *Santolina Chamæcyparissus*, *Achillea Millefolium*, *Inula montana*, etc.

d. Un nombre pair de canaux disposés en deux groupes aux

cornes de l'arc libérien. Ex. : *Silybum Marianum*. Il y a des transitions entre ce cas et le précédent.

3° Les faisceaux ont, outre les canaux de leur face inférieure disposés comme nous venons de le dire, des canaux sur leur face supérieure, ventrale ou ligneuse. Cela se présente quand la tige a des canaux médullaires qui s'échappent avec les faisceaux foliaires. Le nombre et la disposition de ces canaux supérieurs varient ; en se combinant avec les diverses dispositions des canaux inférieurs, ils produisent de nombreux et caractéristiques arrangements dont je me bornerai à citer ici quelques exemples :

a. Un canal ventral et un canal dorsal. Ex. : *Solidago limonifolia*.

b. Un canal ventral et deux canaux inférieurs situés aux cornes de l'arc libérien. Ex. : *Ageratum conyzoides*, *Dahlia variabilis*.

c. Un canal ventral et un nombre impair de canaux dorsaux, 5, 3 ou 1, suivant la dimension des divers faisceaux. Ex. : *Serratula centauroides*.

d. Deux canaux ventraux disposés à droite et à gauche de la face interne du faisceau et deux paires de canaux dorsaux situés de même. Ex. : *Spilanthes fusca* (faisceau médian).

e. Deux canaux ventraux et un nombre impair de canaux dorsaux disposés en arc tout autour de l'arc libérien inférieur. Ex. : *Cinara Scolymus*.

f. Deux groupes de canaux ventraux et un groupe de canaux dorsaux. Ex. : *Carduus pycnocephalus*.

g. Enfin un arc de canaux ventraux et un autre arc de canaux dorsaux se rejoignant pour entourer tout le faisceau. Ex. : *Helianthus tuberosus*.

Outre cette première sorte de canaux oléifères appartenant au parenchyme fondamental, cortical et médullaire, de la tige, et qui accompagnent les faisceaux dans les feuilles, on voit dans certaines Composées se former, à l'intérieur même de ces faisceaux foliaires, des canaux oléifères bordés de quatre cellules spéciales. Ils font partie du liber secondaire issu de l'arc générateur et y sont mêlés aux cellules grillagées. Le liber primaire en est toujours dépourvu. Le pétiole de l'*Helianthus tuberosus* en est un exemple. Les canaux y proviennent de la division en quatre de certaines des larges cellules à paroi mince, qui alternent régulièrement avec les paires des cellules quadrangulaires grillagées. Ces canaux oléifères libériens d'origine secondaire ne se constituent dans les faisceaux de la feuille que chez les plantes qui en forment de semblables dans les productions secondaires de leur tige et de leur racine, et dans la proportion toujours faible où les formations secondaires elles-mêmes se développent dans les faisceaux foliaires.

Nous avons vu que certaines Chicoracées, les *Scolymus* par exemple, tout en demeurant abondamment pourvues de latex, acquièrent, tout au moins dans leur racine, les canaux oléifères corticaux qui caractérisent les autres Composées. Il nous reste à montrer maintenant que certaines Cinarées, tout en conservant leurs canaux oléifères, acquièrent au moins dans quelques organes, notamment dans la partie supérieure de leur tige et dans leurs feuilles, les vaisseaux laticifères qui caractérisent les Chicoracées. Tel est, par exemple, le *Cirsium arvense*. Les racines de cette plante et la région inférieure de sa tige sont pourvues des canaux oléifères habituels à ses congénères, mais sans qu'il y ait de vaisseaux laticifères dans le liber des faisceaux. Dans la région supérieure de la tige, les canaux oléifères continuent à s'élever le long des cornes de l'arc libérien de chaque faisceau, et en même temps un latex abondant s'écoule de vaisseaux laticifères situés au bord externe de cet arc libérien. Les deux appareils coexistent ici dans la tige, comme ils coexistaient dans la racine des *Scolymus*. Mais dans la feuille les canaux oléifères cessent bientôt, et l'on voit en revanche les laticifères se multiplier au bord externe de l'arc libérien. Ainsi les deux appareils, isolés dans la racine et dans la feuille, coexistent dans la tige, au moins dans sa région supérieure. Il en est de même dans le *Lappa grandiflora*. Si donc les *Scolymus*, et quelques autres, en acquérant des canaux oléifères dans leur racine, relient les Chicoracées vraies aux Cinarées, de leur côté les *Lappa*, *Cirsium* et quelques autres, en gagnant des laticifères dans leur tige et leurs feuilles, unissent les Cinarées aux Chicoracées.

Résumé.

Au total, nous voyons que les plantes de la famille des Composées renferment dans leurs divers organes un système d'étroits canaux oléifères semblable à celui que nous avons décrit avec détail chez l'Œillet d'Inde dans la première partie de ce travail. Il n'y a d'exception que pour la plupart des Chicoracées, où cet appareil paraît remplacé physiologiquement par les vaisseaux laticifères, quoique dans quelques formes de transition les deux systèmes puissent coexister, au moins dans certains organes.

Les cellules, originairement au nombre de quatre, qui entourent l'étroit méat et sécrètent l'huile qui s'y déverse, sont toujours douées de propriétés particulières, non partagées par les cellules ambiantes. Mais par leur forme, leur dimension et leur contenu, elles se montrent spécialisées à deux degrés différents, suivant qu'on est dans la racine ou qu'on s'élève dans la tige et dans la feuille. Dans la racine, le canal est creusé dans la membrane protectrice dédoublée, dont les larges cellules hyalines le limitent immédiatement et même sont dans le jeune âge communes à deux canaux voisins. Dans la tige et surtout dans la tige épicotylée et aérienne, ainsi que dans la feuille, le canal est entouré de cellules plus petites, détachées des cellules protectrices par des cloisons parallèles à l'axe du méat. On peut dire, en un mot, que les canaux primaires ne sont pas bordés dans la racine et qu'ils sont bordés dans la tige et dans la feuille, dans le limbe de laquelle ils se réduisent quelquefois à des poches. Les canaux secondaires libériens, quand il s'en forme, sont toujours bordés et de la même manière dans les trois organes.

En outre, chez nombre de Composées où la zone génératrice ne forme pas de canaux secondaires libériens, il se fait, dans la période secondaire de la tige et de la racine, de l'huile essentielle dans des cellules éparses faisant partie des rayons de parenchyme

qui traversent les productions libéro-ligneuses issues de cette
zone génératrice.

Considéré dans son ensemble, cet appareil oléifère présente
d'une plante à l'autre des modifications secondaires qui peuvent
jusqu'à un certain point servir à caractériser les genres. Et, bien
qu'on puisse dire d'une façon générale que telle ou telle de ces
modifications prédomine dans telle ou telle tribu, il est pourtant
impossible, sous ce rapport, à cause des nombreuses transitions
qu'on y remarque, d'établir dans la famille une série de coupes
nettes coïncidant avec ces tribus.

III. — Historique.

Je ne puis terminer cet exposé sans dire quelques mots des
travaux antérieurs où il est fait mention des canaux oléifères des
Composées. Jusqu'à présent il en est venu trois à ma connaissance : l'un est de M. Julius Sachs (1859), un autre de M. Trécul (1862), le troisième de M. N. J. C. Müller (1867).

M. J. Sachs, dans son mémoire sur la formation de l'amidon
dans la germination des graines oléagineuses (1), a signalé en
quelques mots et figuré à la base de la tigelle de l'*Helianthus
annuus* des méats prismatiques rapprochés en arcs en dehors des
six faisceaux et situés dans ce qu'il appelle la « gaine du cambium » (*Cambiumscheide*) dédoublée. « Ces méats sont remplis
d'une huile épaisse qui rougit par la potasse et noircit par les
sels de fer » (p. 183). Plus loin, il identifie cette assise alternativement simple et double, où sont creusés les canaux, avec la
membrane protectrice (*Schutzscheide* de Caspary), en montrant
qu'elle en possède les marques noires caractéristiques (p. 188).

Sans étudier à fond la structure et le mode de distribution des
canaux oléifères des Composées, qu'il regarde avec raison comme
dépourvus de paroi propre, M. Trécul (2) s'est surtout préoccupé
de leurs rapports avec les vaisseaux laticifères. Il signale l'exis-

---

(1) J. Sachs, *Botanische Zeitung*, 1859, pp. 177 et 185, pl. viii, fig. 17.

(2) Trécul, *Journal l'Institut*, 6 août 1862.

tence de laticifères à suc laiteux et à paroi propre dans un certain nombre de genres étrangers à la tribu des Chicoracées. Aux sept genres où Meyen dit avoir vu des laticifères et que M. Trécul réduit à quatre (*Arctium*, *Carduus*, *Cirsium*, *Vernonia*), il en ajoute neuf autres (*Onopordon*, *Carlina*, *Jurinea*, *Notobasis*, *Tyrimnus*, *Galachtes*, *Silybum*, *Echenais*, *Lappa*). Il montre ensuite que la même plante peut avoir en même temps des canaux oléifères, « de manière qu'il y a une transition réelle entre les laticifères et les canaux dits oléorésineux ». Dans la racine de ces plantes le suc propre est seulement oléorésineux ; il est seulement laiteux dans la tige. « Dans la tige, les vaisseaux ont une membrane propre ; dans la racine, ils n'en ont pas et ressemblent à des méats plus ou moins élargis. Les canaux oléorésineux sont donc substitués aux vaisseaux laiteux dans le caudex descendant. Toutefois leur position relative y est un peu différente de celle des vaisseaux laiteux dans la tige. » (P. 269.)

Nous avons vu que les appareils laticifère et oléifère des Composées ne sont pas, comme M. Trécul semble l'admettre, les deux parties d'un seul et même système qui se prolongerait en se modifiant dans des organes différents, mais bien deux systèmes indépendants qui peuvent coexister à un niveau donné dans le même organe. Tout ce qu'on peut dire, c'est qu'il paraît exister entre eux un certain balancement physiologique.

Dans un travail plus récent et dont l'objet est précisément l'étude des organes sécréteurs des plantes (1), M. N. J. C. Müller a consacré un paragraphe spécial à la famille des Composées (p. 418-420). Ce botaniste signale les canaux dans l'*Inula Helenium* et dans l'*Artemisia vulgaris ;* il en suit surtout le développement dans la racine de cette dernière plante. Il s'attache à montrer qu'ici comme chez les Cycadées, les Conifères, les Térébinthacées, les Ombellifères et les Araliacées, qu'il a d'abord étudiées, le canal est un simple espace intercellulaire bordé originairement par quatre cellules qui tantôt se divisent plus

(1) N. J. C. Müller, *Untersuchungen über die Vertheilung der Harze, ætherischen Œle, Gummi und Gummiharze, und die Stellung der Secretionsbehälter im Pflanzenkörper* (*Pringsheim's Jahrbücher*, 1866-67, V, 387).

tard, tantôt demeurent simples. Mais, ce point établi, et il n'y avait aucun doute possible à cet égard chez les Composées, l'auteur se méprend sur la position de ces canaux dans l'organisation de la jeune racine, en même temps qu'il méconnaît plusieurs traits essentiels de cette organisation elle-même. Il est de mon devoir de relever ici quelques-unes des erreurs accumulées dans ces deux pages :

1° La position de la membrane ou gaîne protectrice n'est pas correctement indiquée et figurée par les lettres MM dans la fig. 29 et *mm* dans la fig. 31 de la planche I.I. Cette assise MM ou *mm* est la membrane rhizogène qui touche immédiatement les premiers vaisseaux formés. C'est l'assise *au* de la fig. 29 qui est la membrane protectrice. Mais les plissements si caractéristiques de cette membrane ne sont pas même indiqués nulle part.

2° De cette première méprise en découle une autre. Les canaux oléifères de la racine sont décrits comme étant en dehors de la membrane protectrice, tandis qu'ils sont réellement creusés dans son intérieur, comme l'avait fort bien vu M. J. Sachs en 1859, sur l'*Helianthus annuus.*

3° Les faisceaux libériens primitifs du cylindre central sont méconnus et confondus avec le cambium. Bien plus, dans la fig. 31, ces groupes d'éléments libériens externes II, appuyés contre la membrane rhizogène *mm*, sont figurés comme des vaisseaux par un contour très-noir ; ils sont d'ailleurs appelés dans la légende explicative « second système centripète de rayons ligneux ». C'est là une erreur grave. L'auteur admet donc qu'il y a six faisceaux vasculaires primitifs dans cette racine, et de deux qualités différentes, formant deux étoiles ternaires alternes, quand il n'y en a que trois en réalité, alternes avec trois faisceaux libériens.

4° Suivant M. Müller, les canaux oléifères naissent associés par deux ou trois en six places qui correspondent exactement aux six branches des deux étoiles ligneuses ternaires ainsi constituées. Cela est peu exact ; car c'est seulement en trois places et vis-à-vis des faisceaux libériens primitifs, c'est-à-dire vis-à-vis de la deuxième étoile ligneuse ternaire de l'auteur, que se forment les canaux. En face des lames vasculaires primitives, on ne trouve pas de méats oléifères; ou si par hasard on en rencontre quelqu'un à cette place, c'est par un pur accident, comme il arrive d'en trouver parfois dans quelques-uns des méats du parenchyme cortical extérieur à la membrane protectrice. Il en est ainsi, nous l'avons vu, dans toutes les Composées.

5° Enfin, l'auteur affirme que, à la suite de l'élargissement du cylindre central produit par la formation des productions secondaires, les cellules de la membrane protectrice acquièrent un grand développement latéral, mais que « le nombre n'en est pas sensiblement augmenté » (p. 421). Nous savons, au contraire, que les éléments de la membrane protectrice, ainsi que ceux de la membrane rhizogène sous-jacente, se divisent par de nombreuses cloisons radiales, qui sont toutes plissées au même endroit dans la première de ces membranes. En sorte que là où il n'y avait d'abord qu'une seule cellule plissée, il peut y en avoir maintenant vingt-cinq à trente et même davantage. Cette multiplication écarte progressivement les canaux oléifères.

Il était difficile, on le voit, de se faire une idée moins exacte de l'organisation de la jeune racine et de la position réelle des canaux oléifères au sein de cette organisation.

OMBELLIFÈRES ET ARALIACÉES (1).

M. Trécul a décrit avec détail la structure et la répartition des canaux oléorésineux dans la racine, la tige et la feuille des plantes de ces deux familles (2). De son côté et vers la même époque, M. N. Müller s'est appliqué à en suivre le mode de formation (3). Aussi, sans revenir sur le fond même du sujet, me bornerai-je à attirer l'attention des botanistes sur une face de la question demeurée en oubli, je veux dire sur la structure

(1) Communiqué à la Société botanique de France, séance du 23 février 1872.

(2) Trécul, *Des vaisseaux propres dans les Ombellifères* (*Comptes rendus*, 1866, t. LXIII, p. 154 et 204, et *Ann. sc. nat.*, 5ᵉ sér., t. V, p. 275). — *Des vaisseaux propres dans les Araliacées* (*Comptes rendus*, 1867, t. LXIV, p. 586 et 990, et *Ann. sc. nat.*, 5ᵉ sér., t. VII, p. 55).

(3) N. Müller, *loc. cit.*, p. 412-418.

et la distribution des canaux oléifères dans l'organisation primaire de la racine et sur l'influence que cette distribution exerce sur la position des radicelles. J'étudierai ensuite ces canaux dans la tigelle et dans les cotylédons, et je rappellerai brièvement la position qu'ils affectent dans la tige et dans la feuille.

Organisation primaire de la racine.

Ombellifères. — Étudions d'abord la racine principale issue de germination.

Le jeune pivot des Ombellifères, celui de la Carotte, que nous pouvons prendre pour exemple, est constitué par un parenchyme cortical entourant un cylindre central. Le parenchyme cortical est formé de larges cellules polygonales ajustées assez irrégulièrement et laissant entre elles de petits méats triangulaires. La zone interne ne présente pas, au moins d'une façon bien nette, la disposition en séries radiales et concentriques habituelle à la plupart des racines. Elle se termine en dedans par une assise de cellules plus petites, aplaties en forme de rectangle, étroitement unies entre elles et comme engrenées par une série de courts plissements situés vers le milieu des faces latérales, et qui se traduisent par des marques noires échelonnées: c'est la membrane protectrice. Ces éléments plissés sont assez régulièrement superposés aux grandes cellules de l'avant-dernière assise corticale.

Le cylindre central, dont la section est elliptique, commence par une rangée de cellules à paroi lisse, alternes avec les protectrices : c'est la membrane rhizogène contre laquelle s'appuient les faisceaux vasculaires et libériens. Il y a deux faisceaux vasculaires diamétralement opposés, centripètes, se rejoignant au centre en une lame qui occupe le grand axe de l'ellipse. Ils sont formés d'une seule série de trois à cinq vaisseaux cylindriques de plus en plus larges à mesure qu'on s'avance vers le centre. Le premier vaisseau et le plus étroit, toujours appuyé à la ligne de contact de deux cellules périphériques, est muni d'anneaux assez espacés, çà et là entrecoupés par quelques tours de spire. Le second est spiralé; mais la spirale, dont les tours sont assez écartés, est çà et là interrompue par quelques anneaux. Le troisième et les suivants sont spiralés à bandes espacées seulement d'une fois et demie leur épaisseur; sur l'élément le plus large ces bandes sont souvent réunies entre elles le long des arêtes de contact des cellules voisines, et le vaisseau est scalariforme. Tous ces vaisseaux ont leurs cloisons transverses obliques et permanentes.

Alternes avec ces lames vasculaires, on voit deux larges faisceaux de cellules libériennes allongées, à contour polygonal irrégulier et flexueux, à contenu protoplasmique grisâtre. Leurs parois, minces dans le très-jeune âge, ne tardent pas à s'épaissir notablement, et deviennent d'un blanc brillant en même temps qu'elles acquièrent de nombreuses ponctuations sur leurs faces latérales et sur leurs faces transverses, qui sont horizontales. Ces éléments libériens remplissent toute la demi-ellipse située entre la lame vasculaire et la membrane rhizogène. Ils sont toutefois séparés des vaisseaux par un rang de cellules conjonctives, à paroi mince, qui ne tarde pas à se dédoubler par des cloisons tangentielles, pour devenir l'arc générateur des formations secondaires. Les premiers vaisseaux secondaires se posent donc plus tard au contact direct des vaisseaux médians de la bande primaire (1).

Les cotylédons qui surmontent la tigelle correspondent aux deux lames vasculaires du pivot; les deux feuilles suivantes, d'âge inégal, répondent aux faisceaux libériens.

Cette organisation primaire de la racine est très-simple et tout à fait normale. L'expérience montre que c'est par les vaisseaux de la lame diamétrale, ajustés côte à côte comme les tuyaux d'un jeu d'orgue, que les liquides, aspirés par les poils, s'élèvent jusqu'à la base de la tige, et que c'est par les faisceaux libériens que les sucs plasmiques élaborés par les feuilles redescendent depuis la base de la tige jusqu'à l'extrémité de la racine.

(1) Quelquefois il y a deux rangs de cellules conjonctives. C'est alors le rang externe qui devient l'arc générateur, et les premiers vaisseaux secondaires sont séparés des primaires par une série de cellules conjonctives.

Revenons maintenant à la membrane rhizogène pour la mieux étudier.

En face de la région médiane des faisceaux libériens, c'est-à-dire aux extrémités du petit axe de l'ellipse, les cellules de cette membrane sont ordinairement simples, carrées ou légèrement allongées suivant le rayon, çà et là divisées en deux par une cloison médiane tangentielle. Très-jeunes, quand les vaisseaux, commençant à s'épaissir, ne sont pas encore venus se rencontrer au centre, ou que cette réunion n'a eu lieu que depuis peu de temps, elles sont pleines d'un protoplasma azoté, jaunissant par l'iode. Un peu plus tard elles se remplissent de petits grains d'amidon simples ou doubles, de $0^{mm},002$ de diamètre, alors qu'aucune autre cellule de la racine n'en possède. Plus tard encore et même avant le début des formations secondaires, l'amidon y a disparu, et l'on ne voit plus dans les cellules qu'un nucléus pourvu de nucléole. Il se reforme ensuite dans les deux moitiés du faisceau libérien, dont les cellules médianes en demeurent dépourvues. Il y a donc toute une région de la racine, ni trop jeune, ni trop âgée, où les arcs de la membrane rhizogène, superposés à la partie médiane des faisceaux libériens, sont le siége exclusif de la formation et du dépôt de l'amidon. Cette région paraît être plus âgée que celle où se forment et s'allongent les radicelles, et au voisinage de la radicelle l'amidon a disparu, sans doute pour suffire au développement de l'organe ; plus haut et plus bas on le retrouve.

En face des faisceaux vasculaires, c'est-à-dire aux extrémités du grand axe de l'ellipse, la membrane périphérique du cylindre central présente un tout autre aspect. Ses cellules, en nombre pair, puisque le vaisseau le plus étroit correspond toujours à l'intervalle entre deux cellules, au nombre de huit, par exemple, y sont hyalines, allongées suivant le rayon, et divisées chacune par une cloison qui part du milieu de sa face externe et se dirige vers le sommet du grand axe, en faisant un angle d'environ 45 degrés avec le rayon. Chaque cellule est ainsi dédoublée en une grande cellule pentagonale et une petite cellule triangulaire. Il y a huit cellules pentagonales, dont deux occupent les extrémités de l'arc, et huit cellules triangulaires, dont deux se touchent en face du vaisseau le plus étroit. Par l'arrondissement des angles un méat triangulaire se trouve creusé entre la petite cellule triangulaire et les deux grandes cellules pentagonales entre lesquelles elle est enchâssée. Il en résulte la formation de sept méats : un médian en forme de losange, situé en face de la lame vasculaire sur le grand axe de l'ellipse, et provenant de la fusion de deux méats triangulaires, et trois triangulaires de chaque côté, dont la largeur décroît à mesure qu'on s'éloigne du médian. Ces méats sont de très-bonne heure remplis d'une huile essentielle incolore. Toutefois l'essence n'apparaît pas à la fois dans tous les canaux ; elle se développe d'abord dans le canal quadrangulaire médian, puis progressivement dans les canaux triangulaires, à partir du médian. Ces canaux oléifères sont très-étroits, car si la largeur du médian estimée le long des diagonales du losange est d'environ $0^{mm}.012$ suivant le rayon et $0^{mm}.010$ suivant la tangente, le premier canal triangulaire a, suivant la tangente, $0^{mm}.006$, le second $0^{mm}.004$, et le troisième $0^{mm}.002$. On trouve assez souvent dix cellules ainsi dédoublées, et par conséquent neuf canaux oléifères en face de chaque faisceau vasculaire. Le pivot du Panais présente fréquemment douze cellules dédoublées et onze canaux oléifères. Les canaux sécréteurs d'un même arc communiquent çà et là par des branches horizontales, interrompant la série des cellules qui les séparent.

Toutes les cellules de la membrane périphérique qui ont subi le dédoublement dont nous venons de parler, aussi bien la pentagonale, qui sépare deux canaux oléifères consécutifs, que la triangulaire, qui borde le canal en dehors, ne contiennent qu'un liquide hyalin sans granules, et il est intéressant de remarquer que leur nucléus enveloppé d'une couche de protoplasma incolore et très-réfringent, est toujours accolé contre le milieu de la paroi qui touche le méat où l'huile essentielle se déverse.

Ainsi la membrane périphérique du cylindre central est divisée en quatre arcs : deux arcs oléifères plus larges, superposés aux faisceaux vasculaires, composés d'un nombre pair de cellules dédoublées (huit ou dix ordinairement) et creusés d'un nombre impair de canaux oléifères (sept ou neuf le plus souvent, et deux arcs transitoirement amylifères, plus étroits que les premiers, superposés aux faisceaux libériens et composés de quatre à six cellules simples ordinaires. Cette membrane périphérique se comporte, en un mot, comme nous avons vu que se comporte chez les Composées la membrane protectrice, qui se trouve aussi dans le pivot du *Tagetes patula* par exemple, divisée en deux arcs oléifères et en deux arcs transitoirement amylifères. La même fonction est ainsi dévolue dans les Ombellifères et dans les Composées à deux membranes très-différentes par leur origine et par l'ensemble de leurs caractères, bien que juxtaposées.

Mais ce qu'il y a de plus remarquable, c'est que ce phénomène de substitution physiologique d'une membrane à une autre est accompagné d'une rotation de 90 degrés, puisque ce qui était chez les Composées superposé aux faisceaux vasculaires correspond ici aux faisceaux libériens, et *vice versâ*. Il résulte, en effet, de la combinaison de cette substitution avec cette rotation une disposition des radicelles tout à fait originale et dont je ne sache pas que, en dehors des Ombellinées et des Pittosporées, le règne végétal offre d'autre exemple.

On sait que chez toutes les Cryptogames vasculaires la radicelle naît dans la cellule dédoublée de la membrane protectrice située en face d'un faisceau vasculaire. Les radicelles s'y disposent par conséquent en autant de rangées qu'il y a de faisceaux vasculaires. On sait aussi que, chez toutes les Phanérogames, la radicelle se forme aux dépens d'un certain nombre de cellules de l'assise périphérique du cylindre central à laquelle nous avons pu dès lors appliquer le nom de membrane rhizogène. Ces cellules forment sur la section transversale un arc plus ou moins étendu, et dans toutes les Monocotylédones, sauf les Graminées, ainsi que dans toutes les Dicotylédones qui me sont connues, sauf les Ombellinées et les Pittosporées, le centre de cet arc s'appuie sur un faisceau vasculaire. Les radicelles sont donc encore disposées en autant de rangées qu'il y a de faisceaux vasculaires, et elles leur correspondent. Chez les Composées, les choses se passent comme partout ailleurs. Rien n'y empêche, en effet, la radicelle de naître en face d'un faisceau vasculaire, et elle peut percer le parenchyme cortical sans interrompre le cours des canaux oléifères, puisque ces canaux forment des arcs superposés aux faisceaux libériens.

Il en est tout autrement dans les Ombellifères. Toutes les cellules des arcs oléifères étant impropres à se diviser pour former les radicelles, celles-ci n'y pourront plus naître à leur place ordinaire. La fonction rhizogène se trouve ainsi rejetée sur les arcs superposés aux faisceaux libériens, arcs qui sont en général dépourvus de cette faculté, et que nous avons vus être d'abord protoplasmiques, puis transitoirement amylifères.

Mais sera-ce, comme dans les Graminées, dans les cellules médianes de cet arc que la radicelle des Ombellifères prendra naissance? Non, et voici pourquoi.

En étudiant avec soin le contour externe du faisceau libérien, on rencontre au milieu de ce contour, contre la membrane rhizogène, et souvent au point de contact de deux de ses cellules, un étroit méat pentagonal bordé en dehors par les deux cellules rhizogènes, en dedans par trois cellules libériennes étroites, à contenu plus sombre que les autres et dont les parois demeurent minces alors que celles des autres cellules libériennes s'épaississent par les progrès de l'âge. Ce méat, qui a sensiblement la même largeur que les trois cellules libériennes de bordure, soit environ $0^{mm},008$, renferme de l'huile essentielle. Mais cette huile n'y apparaît qu'assez tard, longtemps après que tous les canaux des arcs supravasculaires en sont déjà remplis. Avant ce moment, il est assez difficile de le bien voir. Il y a ainsi dans le pivot, outre les deux arcs de canaux oléifères supravasculaires, deux canaux libériens isolés.

Sous peine d'interrompre ce canal libérien, la radicelle ne pourra donc pas se former, comme dans les Graminées, dans les cellules médianes de l'arc rhizogène, qui se trouve par là divisé en deux. C'est, en effet, dans les cellules comprises entre le canal libérien et le dernier canal de l'arc supravasculaire que se développe une radicelle, et il s'en fait ainsi quatre sur toute la périphérie du cylindre central. Chacune d'elles se dirige à travers le parenchyme cortical, en faisant avec le plan vasculaire un angle d'environ 45 degrés. Elle insère ses vaisseaux sur les vaisseaux moyens du faisceau vasculaire correspondant, par une amorce qui, partant du milieu de l'arc rhizogène perpendiculairement à la lame vasculaire, vient rencontrer cette dernière au foyer correspondant de l'ellipse. Une section de la radicelle pendant son trajet à travers le parenchyme cortical montre ses deux faisceaux vasculaires en haut et en bas, et ses deux faisceaux libériens à droite et à gauche, de sorte que, comme dans toutes les autres Phanérogames, le plan vasculaire de la radicelle passe par l'axe du pivot.

Ainsi, les radicelles se trouvent insérées sur le pivot suivant quatre génératrices espacées de 90 degrés, qui alternent avec les deux canaux quadrangulaires supravasculaires et les deux canaux pentagonaux libériens, qui correspondent en d'autres termes au milieu de chaque moitié des deux faisceaux libériens. On se rappelle que chacune de ces moitiés devient, après l'arc rhizogène, le siège d'un puissant dépôt d'amidon. Cette disposition extérieure des radicelles du pivot des Ombellifères en quatre rangées est connue depuis longtemps, si bien que les auteurs, M. Clos en particulier (1) et M. Nägeli (2), l'ayant observée et n'y soupçonnant rien d'extraordinaire, ont doté à priori le pivot de la Carotte et des autres Ombellifères de quatre faisceaux vasculaires en croix, comme il y en a quatre dans le pivot du Haricot, ou du Ricin, ou du Liseron.

Le cas des Ombellifères est donc très-différent de celui des Graminées, et nous en voyons la cause. Cependant il y a, comme je vais le faire voir maintenant, telle circonstance où la position de la radicelle des Ombellifères rappelle davantage, en apparence du moins, sa situation chez les Graminées. J'ai supposé tout à l'heure, ce qui a lieu en général, que deux radicelles du pivot ne naissent pas exactement au même niveau dans le même

____

(1) Clos, *Rhizotaxie anatomique* (*Ann. des sc. nat.*, 3° série, t. XVIII).
(2) Nägeli, *Beiträge*, I, p. 23; 1858.

arc rhizogène supralibérien. Mais cette coïncidence se produit cependant çà et là le long d'un pivot donné. Alors comment les choses se passent-elles ?

Souvenons-nous que l'arc rhizogène supralibérien est beaucoup plus étroit que l'arc oléifère supravasculaire, puisqu'il ne compte le plus souvent que quatre à six cellules. Rappelons-nous encore que chaque cône radicellaire exige pour sa formation que plusieurs cellules voisines se segmentent à la fois. Cela posé, soient n le nombre de cellules nécessaires pour produire une radicelle, et p le nombre des cellules rhizogènes que renferme l'arc supralibérien au niveau où vont se former en même temps les deux radicelles. Si l'on a $p = 2n$, ou $p > 2n$, les n cellules de droite, comptées à partir du dernier canal triangulaire, donneront une radicelle, et les n cellules de gauche se comporteront de même. Les deux radicelles se formeront indépendamment et sans empiéter l'une sur l'autre ; elles divergeront à angle droit dans le parenchyme cortical pour venir se placer sur les quatre génératrices normales, comme lorsque chacune d'elles est seule à son niveau. Mais, et cela arrive assez fréquemment dans le pivot, si p, par suite de la grande extension des arcs oléifères, devient plus petit que $2n$, il ne pourra plus se former au même niveau deux racines latérales indépendantes, et si néanmoins toutes les conditions sont réunies pour exiger qu'à ce niveau deux radicelles se forment du même côté, voici comment les choses se passent. On voit toutes les cellules de l'arc se diviser et former un cône plus large que d'ordinaire, qui se dirige à travers le parenchyme cortical perpendiculairement à la lame vasculaire. Cette radicelle implante ses vaisseaux à la fois sur les deux faisceaux vasculaires primitifs, c'est-à-dire qu'elle envoie vers la bande vasculaire deux amorces latérales perpendiculaires à cette bande et qui la rencontrent aux deux foyers de l'ellipse. Coupée pendant son trajet à travers le parenchyme cortical, elle montre un cylindre central unique étalé transversalement, et qui renferme quatre faisceaux vasculaires, deux en haut et deux en bas, se rencontrant en deux bandes longitudinales parallèles. En un mot, elle se comporte comme deux radi-

celles nées côte à côte au même niveau, qui auraient empiété
l'une sur l'autre, faute d'espace pour se constituer dans leur
totalité, et qui se seraient fusionnées en un organe unique dirigé
suivant la bissectrice de leur angle de divergence. A partir des
derniers canaux supravasculaires, chaque cellule de l'arc rhizogène se comporte donc, dans ce cas, comme elle se comporte
quand elle fait partie d'un demi-arc fonctionnant isolément.
Mais comme il manque au milieu de l'arc les cellules nécessaires pour achever chaque racine, ces deux organes, forcément
connés, n'en font qu'un seul.

Ce second mode d'insertion, qui se rencontre çà et là sur le
même pivot en concurrence avec le mode normal, doit être considéré comme accidentel, puisqu'il résulte de la réunion fortuite
de deux conditions indépendantes, à savoir, la formation simul-
tanée de deux radicelles à un même niveau et du même côté
de la bande vasculaire, et l'exiguïté trop grande à ce niveau
de l'arc rhizogène supralibérien, qui se trouve réduit à fonc-
tionner comme deux arcs incomplets.

Il n'en est pas moins vrai que pour embrasser toutes les radicelles de notre pivot, les géminées comme les simples, il faut y
tracer huit génératrices : deux en face des premiers vaisseaux
formés ou des canaux quadrangulaires, deux en face du milieu
de chaque faisceau libérien ou du canal pentagonal, quatre
alternes avec les précédentes. De ces huit génératrices les deux
premières seules, celles qui contiennent l'insertion des cotylédons,
sont toujours dépourvues de radicelles, et ce sont précisément
celles-là qui, dans les racines binaires de toutes les autres plantes
vasculaires, moins les Graminées, les Araliacées et les Pittosporées, les possèdent toutes. Les six autres génératrices renferment toutes les radicelles du pivot : les deux premières, les racines
géminées, accidentelles; les quatre autres, les racines simples et
normales.

Les choses se passent de la même manière pour la structure
binaire du pivot, pour la disposition des canaux oléifères de la
membrane périphérique du cylindre central en deux arcs supra-

vasculaires de sept, neuf ou onze méats, pour l'existence d'un canal oléifère pentagonal au milieu du pourtour externe de chaque faisceau libérien, enfin pour le mode d'insertion des radicelles que l'arrangement de ces deux sortes de canaux entraîne, dans le Panais (*Pastinaca sativa*), le Cerfeuil (*Anthriscus Cerefolium*), le Persil (*Petroselinum vulgare*), le Fenouil (*Fœniculum vulgare*), le Carvi (*Bunium Carvi*), etc. On peut donc, vu l'homogénéité de la famille, y regarder cette organisation primaire du pivot et de ses radicelles comme générale.

On la retrouve avec tous ses caractères et toutes ses conséquences dans les radicelles binaires issues des racines adventives de la plante adulte, ou dans ces racines elles-mêmes quand elles ont le type deux, comme on peut s'en assurer sur les *Myrrhis odorata*, *Archangelica officinalis*, *Imperatoria Ostruthium*, *Phellandrium officinale*, *Hydrocotyle moschata*, *Astrantia intermedia*, *Helosciadium repens*, *Cicuta virosa*, etc. Le nombre des canaux de chaque arc supravasculaire, nombre toujours impair, est un peu variable dans les diverses radicelles binaires d'une même plante, et aussi le long de la même radicelle. De onze ou même treize dans un seul arc, il peut se réduire à cinq et même à trois.

Enfin, si nous considérons cette organisation primaire dans des racines adventives de plus en plus grosses, nous y trouverons un nombre de faisceaux constitutifs vasculaires et libériens plus élevé que deux, et d'autant plus grand que la racine observée aura un cylindre central plus large. Ce seront d'abord trois faisceaux vasculaires confluents en une étoile à trois branches, alternes avec autant de faisceaux libériens (*Phellandrium officinale*, etc.) ; mais bientôt les faisceaux vasculaires ne pourront plus se toucher au centre, qui sera occupé par du tissu conjonctif : suivant la grosseur des racines, on trouvera alors de quatre à vingt faisceaux vasculaires centripètes courts, situés à la périphérie d'un cylindre conjonctif de plus en plus puissant, où ils alternent avec autant de faisceaux libériens arrondis (*OEnanthe crocata*, *Sanicula europæa*, etc). Quels que soient le développement du tissu conjonctif et le nombre des faisceaux, la disposition relative des canaux oléifères demeure la même, c'est-à-dire que vis-à-vis de chaque faisceau vasculaire on trouve la membrane rhizogène creusée d'un arc de trois, cinq, sept canaux oléifères, et qu'on rencontre un canal oléifère isolé au milieu du contour externe de chaque faisceau libérien. La membrane rhizogène s'y divise donc en n arcs oléifères et n arcs transitoirement amylifères, et ces derniers se trouvent, au point de vue de leurs fonctions rhizogènes, séparés en deux moitiés par le canal libérien, en sorte que les radicelles naissent et s'insèrent sur la racine suivant $2n$ génératrices alternes aux faisceaux vasculaires et libériens. Il peut de même s'y produire des radicelles géminées qui seront alors situées sur n autres génératrices correspondant au milieu des faisceaux libériens.

Ainsi, que l'on ait affaire au pivot binaire ou à ses radicelles binaires successives, à une racine adventive ou à l'une quelconque de ses ramifications, l'organisation primaire de la racine conserve ses caractères essentiels, les canaux oléifères des deux espèces gardent le même arrangement au sein de cette organisation, et cet arrangement détermine la même disposition des radicelles.

Araliacées. — Si aux racines adventives des Ombellifères nous comparons maintenant celles des Araliacées (*Hedera Helix*, *Aralia Sieboldtii*), nous y retrouvons la même organisation primaire avec un nombre de faisceaux constitutifs également variable et en rapport avec le diamètre du cylindre central. S'il n'y a que deux faisceaux vasculaires unisériés, ils confluent au centre en une bande dirigée suivant le grand axe de l'ellipse. S'il y en a trois, ils ne se touchent plus et laissent entre eux au centre quelques cellules conjonctives. Enfin, s'il y en a quatre, cinq ou six, comme c'est le cas ordinaire pour les troncs principaux des racines du Lierre, ils sont courts et s'appuient à la périphérie d'un gros prisme conjonctif aux angles duquel ils correspondent, et qui se fibrifie de bonne heure.

Dans tous les cas la membrane rhizogène s'y partage, comme dans les Ombellifères, en arcs oléifères superposés aux faisceaux vasculaires, contenant trois, cinq ou sept canaux, et en arcs transitoirement amylifères et rhizogènes superposés aux faisceaux libériens. Seulement la disposition des canaux oléifères est un peu moins régulière que chez les Ombellifères. Normalement il y en a un quadrangulaire vis-à-vis du vaisseau le plus étroit et deux ou trois triangulaires de chaque côté. Mais quelquefois il y en a deux triangulaires d'un côté et un seul ou trois de l'autre; ou bien l'un des latéraux est quadrangulaire comme le médian; ou bien il y a vis-à-vis du vaisseau une cellule impaire qui ne s'est pas divisée et qui est bordée par deux canaux triangulaires.

Dans tous les cas aussi on rencontre au milieu du pourtour externe du faisceau libérien un méat pentagonal ou hexagonal, tantôt en contact direct avec les cellules rhizogènes et limité en dedans par trois ou quatre cellules libériennes à paroi mince et à contenu sombre, tantôt entouré complétement par six cellules libériennes dont les deux externes les séparent de la membrane rhizogène. Ce méat renferme une huile plus pâle que celle qui remplit les canaux supravasculaires, et cette huile y apparaît plus tard.

Cette disposition semblable des canaux oléifères supravasculaires et libériens entraîne nécessairement, au point de vue de l'insertion des radicelles des Araliacées, les mêmes conséquences que chez les Ombellifères. Si donc il y a dans un tronc principal n faisceaux vasculaires et libériens, les radicelles simples s'insèrent sur $2n$ génératrices alternes avec les n faisceaux vasculaires et les n faisceaux libériens, et les radicelles accidentellement géminées occupent n autres génératrices correspondant au milieu des faisceaux libériens.

Ainsi, le caractère si original que présente l'organisation primaire de la racine des Ombellifères est entièrement partagé par les Araliacées, ce qui prouve, mieux que toute autre considération peut-être, l'étroite affinité de ces deux familles et qu'elles sont véritablement les deux membres d'un seul et même groupe naturel (1).

(1) J'ai déjà, dans un autre travail (*Recherches sur la symétrie de structure des vég-*

Changements apportés dans la racine par l'introduction des formations secondaires.

Que deviennent maintenant, tant dans les Ombellifères que dans les Araliacées, ces divers canaux oléifères après l'introduction des formations libéro-ligneuses secondaires?

Le parenchyme cortical primaire, jusques et y compris la membrane protectrice, ne tarde pas à s'exfolier. Les cellules de la membrane rhizogène, notamment celles qui bordent les canaux oléifères, se divisent à la fois en dehors du canal et en dedans par de nombreuses cloisons tangentielles pour former en dehors une couche subéreuse centripète à cellules tabulaires, en dedans une couche de parenchyme cortical centrifuge à larges cellules polygonales. Chaque canal de l'arc, refoulé en dehors par le développement des faisceaux libéro-ligneux et des rayons secondaires qui les séparent, se maintient ainsi, entre le parenchyme cortical secondaire et la couche subéreuse, au milieu de la zone génératrice commune à ces deux tissus, à une faible distance de la périphérie de l'organe exfolié. De plus, comme la cellule qui sépare deux canaux consécutifs s'étend en même temps dans le sens tangentiel et se subdivise par des cloisons radiales, ces canaux élargis s'écartent progressivement l'un de l'autre, tout en demeurant reliés par leurs branches d'anastomose primitives. En cet état le canal quadrangulaire médian se trouve toujours superposé au rayon de parenchyme secondaire qui sépare deux faisceaux libéro-ligneux secondaires, mais l'association des canaux triangulaires latéraux avec lui pour former un arc superposé à ce rayon se relâche de plus en plus et devient de moins en moins

teur, dans *Ann. des sc. nat.*, 5e série, t. XIII, p. 223 et 231), appelé l'attention sur le mode d'insertion des radicelles des Ombellifères et des Araliacées, en le rattachant à sa cause prochaine, c'est-à-dire à la présence d'un canal oléorésineux quadrangulaire en face de chaque faisceau vasculaire. Mais dans cette première étude les canaux triangulaires latéraux, et par suite la disposition des canaux en arcs supravasculaires, m'avaient échappé, ainsi que l'existence des canaux isolés libériens. Je n'avais donc pas pu expliquer le partage de l'arc rhizogène supraliberien en deux moitiés, et la gemination accidentelle des deux racines quand elles se produisent au même niveau. Il y a donc lieu de compléter à cet égard les figures 52 et 54 de la planche 7.

nette. On voit que dans cette nouvelle position et quoique entourés de toutes parts par des formations secondaires, ces canaux
oléifères n'en ont pas moins une origine primaire, puisqu'on les
rencontre déjà à la pointe de la jeune racine avant qu'aucun
élément du cylindre central ne soit encore différencié, bien mieux
puisqu'ils se trouvent déjà, dépourvus d'huile il est vrai, dans la
radicule et la tigelle de l'embryon.

J'insiste sur ce point, car ce sont ces canaux oléifères, ainsi
refoulés en dehors entre la couche subéreuse et le parenchyme
cortical secondaire, ainsi écartés l'un de l'autre par la segmentation de l'unique cellule qui les séparait dans la période primaire de
l'organe, que M. Trécul a signalés en ces termes dans la racine
âgée et déjà exfoliée des Ombellifères : « Il existe, tout près de
la périphérie, au milieu ou immédiatement au-dessous d'une
mince couche de tissu cellulaire, qui forme comme une sorte de
périderme de quelques rangées de cellules un peu allongées
horizontalement, des vaisseaux propres qui, dans les coupes
transversales, sont isolés de distance en distance sur une ligne
circulaire. » (*Loc. cit.*, p. 155.) L'origine tout à fait primitive
de ces canaux, leur disposition en arcs superposés aux faisceaux
vasculaires primordiaux et dont le canal médian est quadrangulaire, les autres triangulaires, ainsi que l'influence qu'ils
exercent sur la disposition des radicelles, ont également échappé
à M. Trécul, qui n'a pas suivi depuis le début le développement
des tissus.

En ce qui concerne la racine des Araliacées, voici en quels
termes M. Trécul rend compte de ses observations : « Dans
les racines, je n'ai vu de ces canaux que dans l'écorce. Comme
chez les Ombellifères, ceux de la périphérie, souvent plus étroits
que les autres, sont placés plus ou moins près de la couche
subéreuse, et sont unis entre eux par des branches horizontales
ou obliques. On pourrait croire à première vue qu'ils sont épars,
mais l'organogénie enseigne qu'il n'en est point ainsi. Dans les
très-jeunes racines adventives de l'*Aralia edulis* par exemple,
les premiers vaisseaux dits lymphatiques, qui se développent au
centre de l'organe, sont disposés suivant un triangle à peu près

équilatéral. Aux trois angles de ce triangle correspondent bientôt les trois premiers rayons médullaires, et dans l'écorce externe, en opposition avec chacun de ces rayons, *naît* un vaisseau propre sous la forme d'un méat triangulaire ou bien à quatre faces. Pendant que ce premier méat ou vaisseau propre s'élargit avec l'agrandissement de ses cellules pariétales, qui sont ordinairement plus larges que les cellules ambiantes, il *apparaît* un autre méat *à distance* de chaque côté, *puis* un second un peu plus loin, et *ensuite* un troisième également *à distance*, en sorte qu'il existe *alors*, à la périphérie de la racine, vingt et un vaisseaux propres, si tous se sont développés normalement ; mais il arrive parfois qu'il en *naît* trois d'un côté de chaque premier vaisseau et *deux* de l'autre, comme aussi, mais bien plus rarement, il en peut *naître* quatre de chaque côté. Durant l'*apparition* de ces organes, des faisceaux secondaires se développent sur les trois faces du triangle primitif. » (*Loc. cit.*, p. 887.)

« Dans les ramifications de ces racines, les premiers vaisseaux lymphatiques (c'est-à-dire rayés ou ponctués) ne figurent point un triangle sur la coupe transversale, mais une ellipse. C'est aux extrémités du grand axe de celle-ci que correspondent les deux premiers rayons médullaires, et c'est en opposition avec ces rayons, sous le jeune périderme, que *sont produits* les deux premiers vaisseaux propres. Il *naît* ensuite sur chaque côté de chacun d'eux, *de distance en distance*, trois ou quatre autres canaux oléorésineux. *En même temps* un faisceau fibro-vasculaire s'est développé sur chaque grand côté de l'ellipse... » (*Ibid.*, p. 887.)

« Les racines de plusieurs autres Araliacées me semblent avoir un développement analogue. Seulement quatre, cinq ou six faisceaux fibrovasculaires se forment tout d'abord autour d'un axe fibreux ; il se fait autant de rayons médullaires, vis à vis desquels *naissent* les premiers vaisseaux propres... » (*Ibid.*, p. 888.)

Cette description renferme plusieurs erreurs, mais l'une d'elles domine toutes les autres. Dans des racines dont le parenchyme cortical primaire est déjà exfolié, déjà pourvues de périderme, où les faisceaux libéro-ligneux secondaires sont déjà bien déve-

loppés, dans des racines qui sont âgées par conséquent, quoi-
qu'il les considère comme très-jeunes. M. Trécul affirme avoir
vu *naître* les canaux oléifères sous la couche subéreuse et dans
l'ordre qu'il indique. Or il résulte des recherches anatomiques
que je viens d'exposer que toute cette prétendue *oryzmogénie*
des canaux oléifères n'est que pure illusion. Tous ces canaux
existent déjà et sont déjà pleins d'huile essentielle à la pointe
de la jeune racine, alors qu'aucun élément du cylindre central,
aucun vaisseau, aucune cellule libérienne n'est encore différenciée. Ils sont déjà creusés, quoique encore dépourvus d'huile
essentielle, dans la radicule et dans la tigelle de l'embryon.

Il y a, en réalité, dans le développement des tissus de la
racine, trois périodes qui ont échappé à M. Trécul : 1° celle où
les divers éléments du cylindre central se différencient, la période de constitution ; 2° celle où, ces éléments étant tous différenciés, les arcs générateurs ne sont pas encore entrés en jeu :
c'est ce que j'appelle l'organisation primaire de la racine ;
3° enfin celle où les arcs générateurs entrent en jeu pour former
les productions libéro-ligneuses secondaires et les rayons qui les
séparent, jusqu'à ce que la formation de la couche subéreuse
ait exfolié le parenchyme cortical primitif. M. Trécul n'a étudié
que des racines déjà exfoliées, ayant franchi ces trois premières
périodes, déjà vieilles par conséquent, et les canaux qu'il déclare
y avoir vus naître existent avec tous leurs caractères dès le début
de la première de ces trois périodes.

Voilà ce que deviennent les canaux des arcs oléifères supravasculaires. Qu'advient-il maintenant des canaux isolés libériens? Ceux-là ne s'élargissent pas toujours. Au contraire, il
semble parfois qu'ils sont peu à peu écrasés et comme oblitérés,
à mesure que le faisceau libérien primitif est comprimé et rejeté
en dehors par le faisceau libéro-ligneux qui se développe sur
son bord interne. Les cellules de bordure du canal paraissent
alors s'épaissir, et leur fonction cesser.

Mais en même temps que s'oblitère ce canal libérien primitif,
il se développe dans les rayons d'éléments grillagés du liber
secondaire, et en plus ou moins grande quantité suivant les

espèces, de nouveaux canaux oléifères, originairement étroits et bordés par quatre cellules spéciales, s'élargissant plus tard, et disposés à la fois en arcs concentriques et en séries radiales. Les Araliacées ne produisent de ces nouveaux canaux oléorésineux que dans le liber secondaire ; le bois secondaire n'en renferme pas. C'est aussi le cas le plus général dans les Ombellifères, mais M. Trécul y cite l'*Opopanax Chironium*, et le *Myrrhis odorata* comme ayant, en outre, des canaux oléorésineux dans le bois secondaire.

Ce sont ces canaux du liber secondaire dont M. N. J. C. Müller a bien étudié le mode de formation dans les Araliacées (*Cussonia*, *Hedera*) et dans les Ombellifères (*Ferula*, *Bubon*, *Archangelica*) (1). Mais, dès qu'il s'agit de l'existence des canaux primaires et de leur disposition dans le tissu, cet auteur cesse d'être exact. Je ne relèverai ici qu'un seul passage, celui où il est affirmé que la racine d'*Archangelica* n'a pas d'autres canaux oléorésineux que ces canaux secondaires, issus de la couche génératrice. Dans l'*Artemisia* et l'*Arnica*, dit M. Müller, il y a des canaux oléifères antérieurs au cambium et situés en face des masses ligneuses centripètes ; des canaux de cette sorte manquent dans l'*Archangelica* (p. 429). Cette assertion est doublement erronée. Dans les deux familles il y a des canaux oléifères antérieurs à la couche génératrice. J'ai montré, dans le premier chapitre de ce travail, que, dans les Composées, ces canaux primitifs sont non pas situés en face des faisceaux vasculaires centripètes, comme le dit M. Müller, mais bien superposés aux faisceaux libériens, et nous venons de voir que chez les Ombellifères ils sont au contraire superposés aux faisceaux vasculaires centripètes (2).

(1) Pringsheim's *Jahrbücher*, V, p. 412-418 et 426-429.

(2) M. Müller reconnaît cependant (p. 423) que la racine d'*Imperatoria Ostruthium* possède deux espèces de canaux qu'il refuse à la racine d'*Archangelica*, les uns plus précoces, les autres plus tardifs que les canaux du liber secondaire : 1° des canaux superposés un à un aux faisceaux ligneux primaires, antérieurs à la couche génératrice ; 2° des canaux périphériques apparaissant beaucoup plus tard que les faisceaux libéro-ligneux secondaires et sans rapport avec eux. Pour nous, ces canaux sont tous d'une

Tigelle et cotylédons.

La limite entre le pivot et la tigelle des Ombellifères est marquée nettement au dehors par une ligne circulaire qui sépare l'épiderme grisâtre, velu et d'origine endogène de la racine principale, de l'épiderme blanc mat, lisse et d'origine exogène de la tige. Quel est le changement interne qui correspond à cette limite extérieure ?

Si l'on étudie une série ininterrompue de sections transversales pratiquées depuis cette limite jusqu'aux cotylédons, on voit que la structure du pivot se conserve dans ses traits les plus saillants à travers toute la tigelle jusqu'à quelques millimètres de l'insertion des cotylédons. Les deux lames vasculaires demeurent en effet associées au centre en une bande dirigée suivant le grand axe de l'ellipse ; l'arc de canaux oléifères qui leur correspond conserve tous ses caractères : seulement les larges cellules hyalines qui séparent les méats s'agrandissent encore ; les faisceaux libériens gardent leur aspect, mais ils s'écartent de la lame vasculaire et en sont maintenant séparés par plusieurs rangs de cellules conjonctives. Enfin, le cylindre central ainsi constitué est toujours enveloppé par une membrane protectrice à plissements très-nets.

Cependant, en examinant les choses de plus près, on voit que quelques changements ont eu lieu à la limite externe. D'abord, à partir de ce niveau, tous les vaisseaux spiralés de la bande sont devenus déroulables. Cette légère transformation est due à l'accroissement intercalaire. D'une façon générale, les vaisseaux spiralés de la racine ne sont pas déroulables, parce que l'accroissement de cet organe est à peu près exclusivement terminal ; parce que, du moins, une fois les vaisseaux épaissis à un niveau donné, les cellules de ce niveau ne s'allongent plus sensiblement.

seule et même espèce, tous contemporains et primaires. Les premiers sont les canaux médians des arcs oléifères de l'organisation primaire ; les autres sont les canaux latéraux de ces arcs. M. Müller, qui a reconnu la précocité des uns, est tombé pour les autres dans la même erreur que M. Trécul.

Les vaisseaux spiralés de la tigelle, de la tige et des feuilles, ont leur spire décollée de la membrane primitive et déroulable, parce que la tigelle, la tige, les feuilles, sont le siége d'un accroissement intercalaire postérieur à la formation de la spire. Il y a, entre ces deux phénomènes, un lien de cause à effet. Dire, d'un côté, que les vaisseaux spiralés sont déroulables dans la tige et non déroulables dans la racine, ou, en d'autres termes, plus habituellement employés, que la tige a des trachées et que la racine n'en a pas ; dire, d'un autre côté, que la tige a un accroissement intercalaire et que celui de la racine est exclusivement terminal, c'est exprimer non pas deux caractères différents, mais un seul et même caractère.

A ce premier changement s'en ajoute un second. A la limite externe, les arcs de la membrane périphérique du cylindre central superposés aux faisceaux libériens prennent d'abord de la chlorophylle comme les cellules libériennes elles-mêmes, puis ils disparaissent, c'est-à-dire que leurs cellules constituantes se divisent et viennent former les éléments externes du faisceau libérien ; ce dernier s'appuie alors directement contre la membrane protectrice, en même temps qu'il s'écarte de la lame vasculaire. La tigelle n'a donc pas d'arcs rhizogènes ; la membrane périphérique du cylindre central s'y réduit à ses deux arcs oléifères. Nous avons déjà dit, à propos des Composées, que cette suppression de la membrane rhizogène en dehors des faisceaux libériens est un des caractères généraux du passage anatomique de la racine à la tige. Mais ici elle entraîne avec elle une conséquence singulière, c'est l'impossibilité où se trouve désormais la tigelle de former des racines adventives.

Enfin, il y a encore un troisième changement à noter. Des cellules étroites et longues s'insinuent entre le vaisseau le plus externe et les larges cellules qui bordent le canal quadrangulaire, avec lesquelles ce vaisseau était en contact direct tout le long du pivot. Ces cellules ont le caractère des cellules libériennes, mais il semble que leur formation se rattache plutôt au début des productions secondaires qu'à la séparation de la tige et de la racine.

Ainsi, s'il y a des plantes comme les Composées, le Ricin, le Liseron, et tant d'autres, où tous les changements anatomiques qui séparent la tige de la racine se succèdent rapidement et s'accomplissent dans un très-court espace coïncidant avec la limite externe, il y en a d'autres, comme les Ombellifères, et j'ajouterai les Crucifères, les Conifères, etc., où quelques-uns de ces changements, et les moins frappants, s'opèrent seuls à la limite externe. Les plus apparents peuvent ne s'accomplir que dans la partie supérieure de la tigelle, à peu de distance même des cotylédons, en sorte que cette tigelle paraît, au premier abord, conserver tous les caractères anatomiques du pivot. Ces différences tiennent simplement, comme il est facile de le concevoir, à une localisation différente de l'accroissement intercalaire de la tigelle (1).

(1) Qu'il me soit permis de rappeler ici que l'étude de la manière dont s'opère, tant chez les Monocotylédones que chez les Dicotylédones, le passage de la racine principale à la tige, m'occupe depuis plusieurs années. Il y a plus de trois ans, j'annonçais (*Comptes rendus*, 18 janvier 1869) que ce passage s'opère en général à la limite externe par le dédoublement des faisceaux vasculaires primitifs suivi de la translation latérale et de la rotation de leurs deux moitiés qui les amènent à se superposer aux faisceaux libériens alternes et qui rendent leur développement, de centripète, d'abord latéral, puis centrifuge. Depuis, j'ai vu que si un très-grand nombre de plantes se comportent ainsi, chez d'autres les choses se passent un peu différemment ; qu'il y a, par conséquent, plusieurs types à distinguer et que ces types méritent une exposition détaillée. Mais cette exposition devait nécessairement être précédée d'une étude approfondie de la structure de la racine dans les trois grandes classes de plantes vasculaires. Aujourd'hui cette étude est faite et publiée au tome XIII du présent recueil. C'est la première partie d'un grand travail d'anatomie et de physiologie végétales dont j'ai exposé le plan dans l'introduction qui précède ce premier mémoire. Le second mémoire qui m'occupe en ce moment traite de la tige, et l'un de ses chapitres est naturellement consacré à l'étude du passage anatomique de la racine à la tige. Il ne pouvait être question de ce passage dans le mémoire sur la racine, celle-ci conservant toujours ses caractères distinctifs jusqu'à la limite externe. Si le passage est brusque, il s'opère dans un court intervalle au-dessus de cette limite. S'il est progressif, il commence à la limite, et s'achève plus ou moins haut dans la tigelle, quelquefois seulement sous les cotylédons.

Si je rappelle ici l'état de mes travaux sur cette question, c'est qu'il vient de paraître dans le second fascicule du tome VIII des *Annales de Pringsheim*, parvenu aux abonnés de Paris dans la seconde semaine de janvier, un mémoire de M. Dodel, intitulé : *Le passage de la tige des Dicotylédones à la racine principale*. La question n'y est traitée, il est vrai, que sur un seul exemple, l'un des plus simples de tous, le Haricot, mais l'auteur y annonce toute une série d'études sur ce sujet. Je crois devoir con-

Arrivé à peu de distance des cotylédons, on voit la lame vasculaire multiplier ses vaisseaux et se gonfler en son milieu, puis se dédoubler et se creuser de manière à former une ellipse vasculaire au centre de laquelle il se trouve quelques cellules médullaires. Puis chaque pointe de l'ellipse s'isole et chaque côté se dédouble ; d'où six groupes vasculaires, désormais centrifuges. En même temps chaque faisceau libérien s'étale tangentiellement et se divise en quatre fragments dont les deux extrêmes s'unissent ensemble ; d'où six groupes libériens superposés aux six groupes vasculaires et intimement unis à eux pour former six faisceaux libéro-ligneux. Les arcs oléifères se divisent simultanément et se transforment de manière à former, au dos de chacun des faisceaux doubles, un canal quadrangulaire. Enfin, ces six faisceaux se rendent trois par trois aux cotylédons.

Dans chaque nervure cotylédonaire, le canal quadrangulaire dorsal a ses cellules de bordure en contact immédiat avec le liber ;

stater ici l'indépendance de mes recherches et l'intention où je demeure de les continuer dans la voie où je les ai entreprises.

Le chapitre de mon travail relatif à cette question a d'ailleurs une étendue plus grande. J'y étudie en effet le passage anatomique des deux organes aussi bien chez les Monocotylédones que chez les Dicotylédones. L'Asperge, l'Ail, l'Asphodèle, le *Tradescantia*, l'Iris, le Canna, le Dattier, les Graminées, se trouvent parmi les plantes analysées à ce point de vue. Or M. Dodel déclare, au début de son travail, qu'il n'y a pas lieu de s'occuper à cet égard des Monocotylédones, par la singulière raison que voici : « Il est bien connu, dit-il, qu'il ne peut être question chez les Monocotylédones d'une racine principale, et que les racines de ces plantes sont, sans exception, des racines adventives. Les Monocotylédones se trouvent donc tout d'abord exclues du cadre de ces recherches. » (*Loc. cit.*, p. 150.) Telle est aussi l'opinion de Schacht : « Les Monocotylédones, dit-il, sont dépourvues de pivot dès leur germination. » (*Les Arbres*, p. 188.) J'ai ouï dire cependant qu'en l'année 1810, l'Académie des sciences de Paris a retenti d'une discussion demeurée célèbre, entre L. C. Richard et Mirbel, au sujet d'une prétendue distinction des végétaux en Endorhizes et en Exorhizes, discussion que Cuvier a résumée dans ses *Rapports annuels sur les progrès des sciences physiques et naturelles*, et qui a valu à la science les belles recherches de Mirbel sur le mode de germination et le développement de la racine principale des Monocotylédones. C'est donc depuis plus de soixante ans un fait bien établi, que les Monocotylédones développent au moment de la germination une racine principale, un pivot, au même titre que les Dicotylédones. Aussi, sans insister sur ce point, me bornerai-je à ajouter que dans mon mémoire sur la racine, j'ai analysé la structure de cette racine principale dans environ quinze genres monocotylédones. (Voy. *Ann. des sc. nat.*, 5ᵉ série, 1872, t. XIII, p. 123 à 146.)

il n'y a pas d'autres canaux dans le parenchyme. Je n'ai pas réussi à voir, sur les larges cellules qui bordent les faisceaux des cotylédons, les plissements caractéristiques de la gaîne protectrice. D'ailleurs, à mesure qu'on s'élève dans la moitié supérieure de la tigelle, ces plissements s'écartent l'un de l'autre, deviennent de plus en plus rares, et finissent par disparaître.

Mais si la tigelle et les cotylédons des Ombellifères n'ont pas de canaux oléorésineux dans leur parenchyme, on sait depuis longtemps qu'il en est autrement dans la tige épicotylée et dans les feuilles qu'elle porte (1). D'après M. Trécul, toutes les Ombellifères et les Araliacées ont des canaux sécréteurs dans le parenchyme cortical de leur tige et dans le parenchyme de leurs feuilles, et toutes, sauf quelques espèces de *Bupleurum* (*B. Getrdi*, *B. ranunculoides*), en possèdent aussi dans la moelle. Cet anatomiste a décrit avec détail les diverses dispositions qu'affectent ces canaux du parenchyme, notamment ceux du parenchyme cortical de la tige des Ombellifères où il distingue dix arrangements différents. M. Trécul a signalé aussi les canaux sécréteurs qui existent dans le liber primaire et secondaire des faisceaux libéro-ligneux de la tige et des feuilles des plantes de ces deux familles. N'ayant sur ce point rien d'essentiel à ajouter à ces observations, je me borne à renvoyer le lecteur aux deux mémoires cités plus haut.

PITTOSPORÉES.

Ce n'est pas sans surprise que j'ai rencontré dans les canaux sécréteurs de la racine du *Pittosporum Tobira* une disposition fort analogue à celle que ce même organe vient de nous présenter chez les Ombellifères et les Araliacées. Il y a cependant, même dans la racine de cette plante et surtout dans sa tige et ses feuilles, de notables différences qui caractérisent un type distinct de celui

---

(1) On trouve notamment quelques bonnes observations sur les canaux sécréteurs du parenchyme de la tige et du rhizome des Ombellifères dans une thèse de M. Lechmann : *De Umbelliferarum structura et evolutione nonnulla*. Vratislaviæ, 1855.

des deux familles précédentes. Pour se convaincre à la fois de cette analogie et de ces différences, il suffira de jeter un coup d'œil sur l'organisation interne de la racine, de la tige et de la feuille.

Racine. — Considérée avant l'apparition de toute production secondaire, la jeune racine du *Pittosporum Tobira* se compose d'un parenchyme cortical et d'un cylindre central. Le parenchyme cortical, formé de larges cellules polygonales, est dépourvu de canaux sécréteurs et se termine en dedans par une membrane protectrice dont les cellules, beaucoup plus petites, sont munies des plissements caractéristiques. Le cylindre central commence par une assise de cellules alternes avec les éléments plissés, assise qui constitue la membrane rhizogène ; ses faisceaux vasculaires rayonnants qui, au nombre de quatre ou cinq ordinairement, alternent avec autant de faisceaux libériens, sont réunis au centre par un tissu conjonctif dont les cellules conservent assez longtemps leur paroi mince.

Vis-à-vis de chaque lame vasculaire rayonnante, la membrane rhizogène se trouve creusée d'un canal quadrangulaire, ordinairement accompagné de chaque côté par un canal triangulaire plus petit (1). Ces étroits canaux sont remplis d'une huile essentielle jaune verdâtre, et, pour les produire, les cellules de la membrane rhizogène ont subi un mode de division identique avec celui que nous avons décrit dans les Ombellifères et les Araliacées. Mais ici le faisceau de cellules libériennes ne présente pas, au milieu de son bord externe, le canal oléifère que nous avons rencontré à cette place dans ces deux familles, et il en résulte, comme on le pense bien, une disposition différente pour les radicelles.

Pas plus que dans les Ombellifères et les Araliacées, les radicelles ne peuvent se produire ici en face des lames vasculaires, comme dans la presque totalité des cas, puisqu'à cet endroit les cellules rhizogènes sont consacrées à la formation de l'huile

____

(1) Quelquefois le canal quadrangulaire est seul, ou bien il est accompagné d'un seul côté par un canal triangulaire.

résineuse. Mais du moins rien ne les empêche ici de se former au milieu des arcs rhizogènes supralibériens qui alternent avec ces arcs oléifères supravasculaires, et elles y naissent en effet. Chacune d'elles est produite par la segmentation de l'arc tout entier de cellules rhizogènes qui sépare deux arcs consécutifs de cellules oléifères ; son centre s'appuie par conséquent sur le milieu du faisceau libérien et elle insère ses vaisseaux, à droite et à gauche, sur les deux lames vasculaires voisines. Les radicelles des *Pittosporum* sont donc disposées sur la racine en autant de rangées qu'il y a de faisceaux vasculaires dans le cylindre central de cette racine ; mais ces rangées alternent avec ces faisceaux vasculaires au lieu de leur correspondre comme dans le cas général. En un mot, elles s'insèrent, pour une cause anatomique différente, comme dans la famille des Graminées.

Plus tard, après l'apparition des formations secondaires, le parenchyme cortical de la racine s'exfolie. Par son bord externe, et de dehors en dedans, la membrane rhizogène produit une couche subéreuse, et par son bord interne, et de dedans en dehors, quelques assises de larges cellules remplies, à l'automne, de grains d'amidon et de cristaux, et qui forment un parenchyme cortical secondaire. C'est à la limite de ces deux tissus que se maintiennent sans cesse les canaux oléorésineux primaires considérablement élargis et ordinairement rapprochés par groupes de trois. Le canal médian et le plus large de chaque groupe, bordé maintenant par dix à vingt cellules sécrétantes issues de la division des quatre cellules primitives, correspond à un des rayons de cellules amylifères qui, aboutissant en dedans aux lames vasculaires primitives, séparent à présent les faisceaux libéro-ligneux secondaires. Ces derniers ont leur région libérienne très-développée ; formée exclusivement d'éléments grillagés aplatis, disposés en séries radiales, elle est entièrement dépourvue de canaux sécréteurs ; au moins n'en ai-je pas aperçu dans les racines médiocrement âgées que j'ai eues à ma disposition.

Tige. — La tige n'a de canaux sécréteurs, ni dans son parenchyme cortical, ni dans sa moelle, mais seulement dans ses faisceaux libéro-ligneux.

Dans la branche d'un an, chacun des vingt-quatre faisceaux libéro-ligneux possède un large canal plein d'une oléorésine incolore dans la partie externe de sa moitié libérienne, c'est-à-dire dans son liber primaire, lequel est, tout aussi bien que le liber secondaire, totalement privé de cellules fibreuses. En dehors de ses cellules sécrétantes, le canal a souvent un ou plusieurs rangs de cellules libériennes à paroi épaissie et brillante, mais quelquefois ses cellules de bordure confinent immédiatement au parenchyme cortical. Le liber secondaire, formé d'éléments grillagés disposés en séries radiales, se montre dépourvu de canaux, non-seulement à la fin de la première année, mais même dans une branche de trois ou quatre ans. Plus tard, cependant, il s'y développe un cercle de nouveaux canaux sécréteurs disposés un par un dans chaque bande de tissu grillagé comprise entre deux rayons parenchymateux consécutifs. Plus tard encore, il se forme un second cercle de canaux en dedans et à une assez grande distance du premier. Une branche de 10 millimètres de rayon, dans laquelle le liber avait 1 millimètre d'épaisseur, m'a montré quatre cercles concentriques de canaux oléorésineux : le cercle des canaux primaires et trois cercles de canaux secondaires.

Ainsi, les canaux sécréteurs de la tige du *Pittosporum Tobira* appartiennent exclusivement à la région libérienne des faisceaux. Les canaux primaires de cet organe font partie intégrante des faisceaux libériens primaires, tandis que ceux de la racine sont alternes avec ces faisceaux libériens et superposés aux faisceaux vasculaires. Le passage de la seconde disposition à la première se fait dans la jeune plante à l'endroit même où s'y opèrent le dédoublement des faisceaux vasculaires et leur superposition aux faisceaux libériens, c'est-à-dire à la limite anatomique entre le pivot et la tigelle.

Feuille. — Le pétiole, dont le parenchyme est entièrement dépourvu de canaux sécréteurs, renferme cinq faisceaux libéroligneux disposés en arc. Chacun de ces faisceaux possède un large canal plein d'une oléorésine incolore dans la partie externe de sa région libérienne, laquelle est, comme dans la tige, entièrement privée de cellules fibreuses. Ces canaux, qui font ainsi partie intégrante du liber des faisceaux, accompagnent les nervures de divers ordres dans le limbe de la feuille, où l'on peut les suivre jusqu'à la périphérie.

En résumé, si nous comparons la disposition des canaux sécréteurs du *Pittosporum Tobira* à celle des Ombellifères et des Araliacées, nous y remarquons une analogie profonde et de notables différences.

Dans la racine, l'analogie résulte du creusement similaire des canaux sécréteurs dans l'épaisseur même de la membrane rhizogène et en face des faisceaux vasculaires primitifs, obstacle qui empêche les radicelles de naître à leur place habituelle. Cette disposition paraît très-rare dans le règne végétal, car je ne l'ai rencontrée ailleurs que dans les Pins, le Mélèze et les Épicéas, où cependant, grâce à l'épaisseur considérable de la membrane rhizogène qui laisse plusieurs rangs de cellules rhizogènes ordinaires en dehors du canal, elle n'entraîne aucun dérangement dans la position des radicelles. L'analogie paraîtra ainsi d'autant plus profonde, que le caractère commun est plus singulier. Mais déjà, dans ce même organe, la différence des groupes naturels s'accuse dès l'origine par l'absence, dans le *Pittosporum*, du canal libérien des Ombellinées, circonstance qui retentit naturellement sur la disposition des radicelles et lui imprime, dans les deux groupes, un caractère spécial.

Dans la tige et les feuilles, l'analogie des deux groupes résulte de la présence commune des canaux sécréteurs dans le liber primaire et secondaire des faisceaux libéro-ligneux ; tandis que leur différence est marquée par l'absence, dans le parenchyme cortical et médullaire des *Pittosporum*, des canaux sécréteurs que le parenchyme des Ombellinées possède toujours.

Malgré ces différences négatives, la jouissance commune du caractère si singulier et si rare que nous avons signalé plus haut, établit, entre la famille des Pittosporées et la classe des Ombellinées, une affinité positive, affinité qui ne laisse pas que de surprendre au premier abord quand on considère l'abîme que l'organisation florale paraît creuser entre ces deux groupes. Remarquons, toutefois, qu'en se bornant aux caractères tirés de la fleur et du fruit, les auteurs ne sont pas arrivés à s'entendre sur la place qui revient aux Pittosporées dans la classification naturelle. Constatons, en outre, que malgré l'insertion hypogyne des pétales et des étamines, Endlicher les range dans sa classe des Frangulacées, à côté des Célastrinées et des Rhamnées (1), tandis que d'autre part, pour M. Decaisne, les Rhamnées se rattachent intimement, par l'intermédiaire des Bruniacées, aux Araliacées et aux Ombellifères (2). Et nous conclurons que, si les caractères de la fleur et du fruit laissent indécise la place des Pittosporées, on n'est pas cependant sans pouvoir y démêler quelque affinité un peu lointaine avec les Ombellinées. C'est cette affinité vaguement sentie que les caractères tirés de la disposition des canaux sécréteurs viennent fixer et préciser.

Le *Bursaria spinosa* ne m'a, il est vrai, montré de canaux sécréteurs, ni dans sa tige, ni dans ses feuilles. Mais, quand il s'agit d'estimer et de mesurer les affinités naturelles, la présence ou l'absence de ce genre d'organes me paraît beaucoup moins importante que leur mode de disposition quand ils existent ; l'argument tiré de l'arrangement des canaux dans les *Pittosporum* conserve donc toute sa valeur.

TÉRÉBINTHACÉES.

Les Térébinthacées doivent leur nom à la propriété qu'elles possèdent de sécréter dans leurs divers organes des principes essentiels et résineux, dont le plus célèbre est la térébenthine de Chio produite par le Térébinthe (*Pistacia Terebinthus*). Nous avons à chercher ici comment les canaux où se localise cette propriété se trouvent distribués dans les divers organes de la plante aux différentes périodes de leur développement.

<hr>

(1) Endlicher, *Genera plantarum*, p. 1081.
(2) Decaisne et Le Maout, *Traité général de botanique*, p. 245.

Racine. — Considérée pendant sa période primaire, c'est-à-dire avant l'apparition des productions secondaires issues de la zone génératrice, la jeune racine du *Rhus Toxicodendron* présente, comme toutes les racines à cet âge, un parenchyme cortical et un cylindre central. — Le parenchyme cortical est formé de larges cellules polyédriques, et se termine en dedans par une assise de petites cellules rectangulaires, plissées sur les faces latérales et transverses, qui constitue la membrane protectrice. — Le cylindre central commence par une rangée de cellules plus grandes alternes avec les protectrices, et qui, en face des vaisseaux primitifs, sont souvent dédoublées par une cloison tangentielle : c'est la membrane rhizogène. Il y a dans a racine étudiée ici quatre lames vasculaires centripètes en forme de coin, qui comprennent chacune six à huit vaisseaux, et ne dépassent pas le tiers du rayon du cylindre. Elles sont réunies au centre par un prisme fibreux conjonctif, dont elles occupent et prolongent les arêtes. Sur les faces de ce prisme, entre ces arêtes vasculaires, se voient autant de faisceaux libériens aplatis ; ils sont formés de cellules à paroi mince, et au centre de chacun d'eux se trouve creusé un assez large canal sécréteur, bordé par cinq à sept cellules spéciales. Entre le canal et le prisme conjonctif, il y a au moins deux assises cellulaires, et c'est le rang interne qui deviendra plus tard l'arc générateur des productions secondaires.

Ainsi, dans l'organisation primaire de la racine des Sumacs, et il en est de même chez le Pistachier, le Lentisque, le Térébinthe, le Mollé (*Schinus Molle*), le *Spondias cytherea*, etc., il se développe un canal sécréteur au milieu de chaque faisceau libérien. Il ne s'en forme ni dans la membrane rhizogène, comme dans les Ombellifères, les Araliacées et les Pittosporées, ni dans la membrane protectrice, comme dans les Composées. Ces plantes réalisent ainsi un troisième type différent des deux précédents ; toutefois leur canal intralibérien correspond au canal intralibérien que nous avons rencontré dans l'organisation primaire de la racine des Ombellifères et des Araliacées.

Cette disposition des canaux ne gêne en rien l'arrangement

normal des radicelles ; aussi naissent-elles ici, comme dans les cas ordinaires, par les divisions des cellules de la membrane rhizogène situées en face des lames vasculaires, et s'insèrent-elles, par conséquent, en autant de rangées verticales sur ces lames vasculaires.

Plus tard il se forme, par la bipartition répétée des cellules qui bordent chaque face du prisme conjonctif, un arc générateur, qui produit vers l'intérieur et de dedans en dehors un faisceau ligneux formé de fibres et de vaisseaux, vers l'extérieur et de dehors en dedans un faisceau de nouvelles cellules libériennes à paroi mince. Dans ce liber secondaire apparaissent progressivement de nouveaux canaux sécréteurs, disposés à la fois en arcs concentriques et en séries radiales. Il ne s'en forme ni dans le bois secondaire, ni dans les minces rayons de parenchyme superposés aux lames vasculaires primitives, et qui séparent les faisceaux libéro-ligneux secondaires.

En même temps, le parenchyme cortical primitif s'exfolie, et l'assise rhizogène sous-jacente produit, par des bipartitions répétées, en dehors une couche subéreuse à cellules carrées, superposées en séries radiales, en dedans quelques cellules amylifères formant un parenchyme cortical secondaire extérieur aux canaux libériens primaires considérablement élargis.

Ainsi les canaux sécréteurs de la racine des Térébinthacées sont, à toute époque, localisés dans le liber.

Tige. — Si nous étudions maintenant une branche de l'année de Térébinthe ou de Lentisque (*Pistacia Terebinthus, P. Lentiscus*), nous n'y trouverons de canaux sécréteurs ni dans le parenchyme cortical, ni dans les rayons qui séparent les faisceaux, ni dans la moelle ; ils sont tous localisés dans le liber des faisceaux libéro-ligneux. Ce liber commence par un croissant de fibres blanches, quelquefois subdivisé en trois fragments. Dans la concavité de cet arc fibreux on voit un large canal sécréteur, étalé tangentiellement, bordé par plusieurs rangs de petites cellules actives, superposées, et provenant de la division tangentielle répétée d'une seule rangée primitive. Ces cellules sécrétantes sont séparées de l'arc fibreux par quelques cellules libériennes à paroi mince. On rencontre déjà ce canal dans le plus jeune entre-nœud de la branche, alors qu'aucune des cellules libériennes situées en dehors de lui ne s'est encore fibrifiée, alors que le premier vaisseau situé vers la pointe interne du faisceau s'est à peine constitué, antérieurement enfin à la première apparition de l'arc générateur. Il appartient donc et appartient seul au faisceau primaire ; il correspond au canal que nous avons rencontré dans l'organisation primaire de la racine, et en dehors duquel il ne se forme jamais de fibres dans cet organe.

Sous ce liber primaire muni de son canal sécréteur, on trouve dans la branche d'une année trois bandes rayonnantes de tissu grillagé d'origine secondaire, séparées par deux rayons unisériés. Chacune de ces bandes présente vers son milieu un canal sécréteur plus étroit que le canal primaire. La branche d'un an des Pistachiers possède donc, outre le cercle des canaux primaires, un second cercle de canaux secondaires plus nombreux.

Dans la branche d'un an de *Schinus Molle* ou de *Rhus Toxicodendron*, outre le cercle des larges canaux primaires protégés chacun par un arc fibreux libérien aminci au milieu, très-épais sur les bords, on voit dans chaque bande grillagée deux canaux superposés à quelque distance l'un de l'autre. Cette branche d'un an a donc deux cercles concentriques de canaux secondaires.

La branche du *Spondias cytherea*, type d'une tribu spéciale dans la famille des Térébinthacées, présente une particularité remarquable. Outre ceux du liber primaire et secondaire, elle présente dans sa moelle des canaux sécréteurs disposés en cercle à peu de distance du pourtour interne de l'anneau ligneux, et superposés aux pointes des faisceaux libéro-ligneux principaux avec lesquels ils s'échappent dans les feuilles.

Feuille. — Le pétiole de la feuille du Lentisque, du *Schinus Molle*, etc., a cinq faisceaux disposés en arc à sa face inférieure, et sa face supérieure est occupée par un sixième faisceau étalé qui tourne ses trachées vers le bas. Chacun de ces faisceaux contient un large canal sécréteur sous son arc de fibres libériennes.

Le parenchyme ambiant en est dépourvu. Les canaux sécréteurs suivent naturellement dans le limbe le cours des nervures dont ils font partie intégrante.

Dans le pétiole du *Spondias cytherea*, chaque faisceau renferme, comme d'ordinaire, un canal libérien ; mais, en outre, le faisceau médian présente au-dessus de sa pointe trachéenne un canal sécréteur situé dans le parenchyme, et qui n'est que le prolongement d'un canal médullaire de la tige.

En résumé, les Térébinthacées vraies, ou Pistaciées, ne possèdent de canaux sécréteurs que dans les faisceaux libériens de leurs divers organes. Chaque faisceau libérien primaire en renferme un seul. Le liber secondaire, issu de la zone génératrice, en développe un dans chacune de ses bandes grillagées, puis, après un certain temps, un nouveau superposé au premier, et ainsi de suite, de sorte que tous ces canaux secondaires se trouvent disposés à la fois en cercles concentriques et en séries radiales.

Outre le système précédent, les Spondiacées ont des canaux médullaires qui pénètrent dans les feuilles avec les faisceaux foliaires.

BURSÉRACÉES.

La jeune racine du *Bursera gummifera*, étudiée avant l'apparition des productions secondaires, présente un canal sécréteur au centre de chacun de ses faisceaux libériens. Il n'y en a ni dans le parenchyme cortical, ni dans le large cylindre conjonctif à la périphérie duquel alternent les faisceaux vasculaires et les faisceaux libériens.

Plus tard, après le développement des formations libéroligneuses secondaires, la membrane rhizogène produit une couche subéreuse qui détermine l'exfoliation du parenchyme cortical. Le liber de chaque faisceau libéro-ligneux possède alors un large canal au milieu de sa périphérie ; c'est le canal primaire élargi, refoulé en dehors, et de chaque côté duquel s'est formé un groupe de cellules libériennes fortement épaissies. Plus en dedans, dans le liber secondaire, on voit ordinairement trois canaux plus étroits disposés en arc. Il y a donc, à cette époque, deux cercles de canaux sécréteurs dans le liber de la racine. Par la suite du développement, il s'en produit d'autres semblablement disposés. Le bois secondaire n'en possède pas.

La jeune tige a ses faisceaux libéro-ligneux primaires très-rapprochés, et séparés par des rayons unisériés. Chaque faisceau commence par un arc de fibres libériennes, sous lequel se voit un large canal sécréteur. Il n'y a de canaux ni dans le parenchyme cortical, ni dans la moelle.

Plus tard, quand il s'est produit du liber secondaire, on y voit apparaître un cercle de canaux plus étroits et plus nombreux, puis un second cercle en dedans du premier, et ainsi de suite.

Dans les faisceaux du pétiole, on retrouve encore sous l'arc fibreux le canal libérien primaire. Ce canal, faisant corps avec le faisceau, accompagne les nervures plus ou moins loin dans le limbe, dont le parenchyme est ainsi dépourvu de canaux ou de poches sécrétantes.

En résumé, le *Bursera gummifera* se comporte absolument comme les Pistaciées, et il est probable qu'il en est de même de toutes les Burséracées vraies.

Mais les choses se passent tout autrement dans l'*Amyris maritima*.

La racine de cette plante ne présente de canaux résineux à aucun âge et dans aucun de ses tissus ; tout au plus y rencontre-t-on quelques masses résineuses ou quelques gouttes d'huile dans certaines cellules du parenchyme cortical primaire, et, après son exfoliation, dans certains éléments du liber secondaire. Sa tige ne présente de même aucun canal proprement dit ; seulement on y remarque, à la périphérie du parenchyme cortical, de larges poches arrondies, pleines d'une huile essentielle jaune verdâtre. Ces poches ont la même origine et le même mode de développement que les réservoirs glanduleux des Myrtes et des Orangers, c'est-à-dire que la cavité s'y forme par la résorption centrifuge d'un tissu sécréteur primitivement plein. Elles se retrouvent d'ailleurs dans le pétiole et dans le limbe, où elles apparaissent comme d'innombrables points translucides.

Par l'absence de canaux sécréteurs, l'*Amyris* s'éloigne donc beaucoup du *Bursera*, en même temps que par la présence de glandes sous-épidermiques, il se rapproche des Zanthoxylées, Diosmées et Rutacées d'une part, et des Hespéridées de l'autre. Cette différence de structure n'est pas d'ailleurs un caractère isolé ; elle vient confirmer d'autres différences déjà signalées par les auteurs dans l'organisation florale, et qui les ont portés depuis longtemps à écarter plus ou moins l'*Amyris* des Bursérées. M. Brongniart (*Énum.*, p. 141) le conserve, il est vrai, dans la famille des Burséracées, mais il en fait le type d'une tribu spéciale. Endlicher l'en sépare davantage, et le met à la suite de la famille comme type d'un groupe voisin (1).

CLUSIACÉES.

La structure et la disposition des canaux sécréteurs dans la tige et dans les feuilles des Clusiacées ont été étudiées avec détail par M. Trécul (2) ; mais ce botaniste n'a pas parlé des racines. Or nous savons déjà qu'on ne peut déduire ni l'existence, ni le mode de distribution des canaux sécréteurs dans la racine d'une plante de leur présence et de leur mode de répartition dans sa tige et dans ses feuilles. La famille actuelle va nous en offrir d'ailleurs une preuve nouvelle et des plus frappantes.

La disposition des canaux y présente au moins trois types différents.

1. — La racine du *Clusia flava* (3), considérée pendant sa période primaire, possède dans son parenchyme cortical de nom-

---

(1) « *Amyridex ail ordinis calcem posita, ovario uniloculari, ovulis geminis, ex apice cavitatis pendulis, diversæ.* » (*Gen. plant.*, p. 1135.)

(2) *Comptes rendus*, 1866, t. LXIII, p. 537 et 613, et *Ann. sc. nat.*, 5ᵉ série.

(3) Pour l'analyse détaillée des tissus de la racine de cette plante, voyez *Ann. des sc. nat.*, 5ᵉ série, t. XIII, p. 258.

breux canaux sécréteurs qui se laissent rattacher à trois cercles : deux cercles très-rapprochés vers la périphérie et un troisième non loin du cylindre central. Ils sont déjà bien développés, et remplis de suc laiteux à la base même du cône végétatif de la racine. Le cylindre central, aussi bien dans ses faisceaux libériens et vasculaires que dans son large tissu conjonctif, en est totalement dépourvu.

Pendant le développement des faisceaux libéro-ligneux secondaires, qui s'opère très-lentement dans les plantes de ce genre, le parenchyme cortical se prête, sans s'exfolier, à l'élargissement du cylindre central. Il se dilate par un accroissement local, portant exclusivement sur certaines plages sinueuses de cellules transparentes étendues tangentiellement, plages qui ne renferment pas de canaux sécréteurs. M. Trécul a décrit ce mode d'accroissement pour le parenchyme cortical des rameaux (1). Les faisceaux libéro-ligneux ne forment pas de canaux dans leur liber secondaire.

Dans la branche, les canaux se retrouvent non-seulement dans le parenchyme cortical, mais encore dans la moelle. Les faisceaux en sont dépourvus ; le pétiole, de son côté, n'a de canaux que dans son parenchyme, aucun dans ses faisceaux.

2. — C'est d'une tout autre manière que les choses se passent dans le *Mammea americana* et le *Calophyllum Calaba*.

Dans sa période primaire, la racine du *Mammea americana* possède un parenchyme cortical épais contenant de nombreux canaux, d'où s'écoule une oléorésine jaune verdâtre, et qui n'offrent pas de disposition circulaire bien nette. Il n'y en a pas dans la zone tout à fait interne de ce parenchyme. Au centre de chacun des huit à dix faisceaux libériens qui alternent avec autant de courtes lames vasculaires à la périphérie du cylindre central, se voit un canal sécréteur. Ce canal ne s'aperçoit pas au début de la période primaire, mais il est déjà bien développé au moment de la première apparition des productions secon-

____

(1) *Loc. cit.*, p. 545.

daires. Le tissu conjonctif central en est dépourvu. Plus tard,
quand les faisceaux libéro-ligneux secondaires ont acquis un
certain développement, il se forme de nouveaux canaux disposés en cercle dans le liber secondaire.

La branche d'un an possède des canaux sécréteurs dans son
parenchyme cortical et dans sa moelle. Le liber de ses faisceaux
commence par une couche de fibres blanches suivie de cellules
à paroi mince. C'est au bord interne de ce liber primaire que
se voient les canaux les plus externes. Plus tard il s'en forme
de nouveaux dans les rayons grillagés du liber secondaire.

Le pétiole a des canaux dans le parenchyme extérieur et intérieur à l'arc libéro-ligneux. Dans cet arc lui-même, un certain
nombre des faisceaux constituants ont au bord interne de leur
liber primaire un canal sécréteur. La nervure médiane conserve
jusque vers son sommet ce canal libérien. Les nervures latérales
en paraissent dépourvues. Mais le parenchyme du limbe présente, au centre de chacune des mailles les plus fines de son réseau de nervures, une poche résinifère arrondie de la même
nature que la poche oléifère des feuilles du *Tagetes*; de sorte
que, par transparence, chaque grande maille du limbe offre un
nombre de points translucides égal à celui des petites mailles
dans lesquelles elle se décompose.

Le *Calophyllum Calaba* se comporte, à de légères différences
près, comme le *Mammea americana*.

Dans sa racine, outre les canaux du parenchyme cortical qui
y forment un cercle périphérique et un second cercle vers le
milieu de la zone, on voit apparaître non pas tout à fait au
début, mais vers la fin de la période primaire, un canal sécréteur dans chaque faisceau libérien primitif. Plus tard il se forme
un second cercle de canaux dans les rayons grillagés du liber
secondaire, et il s'en produit d'autres encore par la suite. La
membrane rhizogène développe une couche subéreuse formée
de cellules tabulaires superposées en séries radiales, et en même
temps le parenchyme cortical, n'étant pas doué du pouvoir
d'accroissement local qui le caractérise dans les *Clusia*, est forcé
de s'exfolier. C'est alors près du bord interne de la couche subé-

reuse que l'on rencontre le premier cercle de canaux libériens considérablement élargis et étalés tangentiellement.

Une section de la branche de l'année, pratiquée, en septembre, au milieu du troisième entre-nœud à partir du sommet, montre, outre les canaux du parenchyme cortical et de la moelle, un cercle de canaux sécréteurs à la partie interne du liber secondaire (1). Il n'y en a pas, comme dans la racine, au bord interne du liber primaire. Aussi les faisceaux du pétiole n'ont-ils pas de canaux dans leur partie libérienne. Le parenchyme du limbe est parcouru par des canaux continus ; il ne présente pas de poches arrondies comme dans le *Mammea*.

Ainsi le *Calophyllum Calaba* se rattache au même type que le *Mammea americana*, dont il diffère toutefois par l'absence de canaux sécréteurs dans le liber primaire des faisceaux de la tige et des feuilles.

3. — Le *Xanthochymus pictorius* et le *Rheedia lateriflora* réalisent un troisième type différent des deux précédents.

L'écorce de la jeune racine du *Xanthochymus pictorius* commence par un épiderme formé de cellules brunes, sous lequel s'étend une assise de grandes cellules allongées radialement, et qui contiennent chacune une masse oléorésineuse jaune (2). Le parenchyme cortical sous-jacent est dépourvu de canaux sécréteurs ; mais on y voit çà et là une cellule isolée remplie d'une matière résineuse en très-fins granules agités de mouvements moléculaires très-rapides. Sur les coupes longitudinales, ces cellules sont superposées en séries plus ou moins longues. Cette

(1) D'après M. Trécul, les canaux sécréteurs du liber secondaire n'apparaîtraient dans la branche du *Calophyllum Calaba* que pendant la seconde année de végétation. (*Loc. cit.*, p. 541.)

(2) Cette membrane oléifère est tout à fait analogue à l'assise sous-épidermique de la racine des *Acorus Calamus* et *gramineus*, *Valeriana officinalis*, etc., dont les cellules sécrètent aussi de l'huile essentielle. Dans la feuille des Acores, ce sont les cellules épidermiques elles-mêmes qui forment ces globules d'oléorésine. — Voyez, sur ce point, *Recherches sur la structure des Aroïdées* (*Ann. des sc. nat.*, 5e série, t. VI).

matière résineuse s'accumule tout particulièrement dans les cellules de la membrane protectrice superposées aux faisceaux libériens ; les éléments de cette membrane qui correspondent aux faisceaux vasculaires en sont dépourvus. Chacun des faisceaux libériens, qui alternent avec autant de petites lames vasculaires à la périphérie du tissu conjonctif central, possède, dès le début de l'organisation primaire, un canal sécréteur bien développé ; il n'y en a pas dans le tissu conjonctif.

Dans une racine âgée, ayant près d'un centimètre de diamètre, on trouve la membrane oléifère externe exfoliée par suite du développement d'une couche subéreuse sur son bord interne. Le parenchyme cortical s'est prêté, par le développement uniforme de toutes ses cellules, à l'élargissement du cylindre central ; mais il est toujours, comme au début, dépourvu de canaux sécréteurs. Le liber dénué de fibres, et formé en majeure partie de larges cellules pleines d'amidon, possède maintenant, outre son cercle de canaux primaires élargis, un nouveau cercle de canaux secondaires plus nombreux, et même, à sa partie interne, un troisième cercle de canaux plus étroits.

On ne trouve pas de canaux dans le bois secondaire qui présente une structure remarquable. Ses fibres, totalement épaissies et d'un blanc brillant, ont l'aspect ordinaire des fibres libériennes ; elles sont, dans chaque bande ligneuse rayonnante, disposées par paquets, qui alternent avec des paquets de cellules allongées, à paroi mince, remplies d'amidon, et parmi lesquelles se voit çà et là un vaisseau ponctué. Les groupes de fibres blanches et les groupes de parenchyme amylacé se correspondent d'une bande rayonnante à l'autre, ce qui produit autour du tissu conjonctif central, dont les cellules, peu épaissies, sont remplies d'amidon, une alternance de zones brillantes et de zones sombres.

La tige jeune a des canaux disséminés dans son parenchyme cortical ; mais elle n'en possède pas dans sa moelle. Le liber de ses faisceaux n'a de canaux ni dans sa région externe, primaire, ni dans sa partie interne issue de l'arc générateur. La tige âgée, dont le bois offre la même constitution que celui de la racine, possède cependant au moins un cercle de canaux sécréteurs dans son liber secondaire.

Le pétiole a des canaux dans le parenchyme extérieur et intérieur à la courbe des faisceaux. Le liber de ceux-ci en est dépourvu.

Ainsi, tandis que la racine, privée de canaux sécréteurs dans son parenchyme cortical, en développe tout de suite dans son liber primaire, la tige, pourvue de ces organes dans son parenchyme cortical, n'en forme pas dans son liber primaire, mais, comme la racine, elle en produit plus tard dans son liber secondaire.

Le *Rheedia lateriflora* offre à peu près les mêmes caractères que le *Xanthochymus pictorius*. Même absence de canaux oléorésineux dans le parenchyme cortical de la racine, où ces canaux sont remplacés dans leur fonction par une membrane oléifère sous-épidermique, et par des cellules résinifères disséminées qui se localisent au dos des faisceaux libériens. Mêmes canaux dans ces faisceaux libériens primaires et secondaires.

La tige présente des canaux sécréteurs non-seulement dans le parenchyme cortical, mais encore dans la moelle. Le liber primaire des faisceaux n'en possède pas, mais il s'en fait un cercle dès le début du liber secondaire. Le bois présente l'organisation remarquable que nous avons signalée dans le *Xanthochymus*.

Le pétiole n'a de canaux que dans son parenchyme ; le liber de ses faisceaux en est dépourvu.

En résumé, sous le rapport de la distribution des canaux sécréteurs, la famille des Clusiacées présente au moins trois types distincts, ainsi caractérisés :

1° Canaux dans le parenchyme cortical de la racine, dans le parenchyme cortical et dans la moelle de la tige. Pas de canaux dans le liber des faisceaux (*Clusia flava*, etc.).

2° Canaux dans le parenchyme cortical de la racine, dans le parenchyme cortical et dans la moelle de la tige. Canaux dans le liber des faisceaux (*Mammea americana*, *Calophyllum Calaba*).

3° Pas de canaux dans le parenchyme cortical de la racine. Canaux dans le parenchyme cortical de la tige. Canaux dans le liber des faisceaux (*Xanthochymus pictorius*, *Rheedia lateri-flora*).

Le mode de distribution des canaux peut aussi changer d'un organe à l'autre de la même plante. Ainsi la racine peut ne pas avoir de canaux corticaux quand la tige en possède. Ainsi encore les canaux libériens peuvent dans la racine se montrer dès le liber primaire, et n'apparaître dans la tige qu'à partir du liber secondaire.

Les plantes qui se rattachent au même type peuvent aussi présenter des différences secondaires et caractéristiques. Ainsi les poches résineuses de la feuille séparent le *Mammea* du *Calophyllum*; les canaux de la moelle distinguent le *Rheedia* du *Xanthochymus*.

Nous avons vu qu'à part les *Clusia*, toutes les Clusiacées étudiées dans ce travail développent toujours plus ou moins tôt des canaux sécréteurs dans le liber de leurs faisceaux. On doit donc s'étonner que M. Trécul n'ait rencontré ces canaux intra-libériens que dans la tige du seul *Calophyllum Calaba* (1). On s'en étonnera d'autant plus si l'on se rappelle que cette plante est précisément une de celles où les canaux manquent dans le liber primaire de la tige, et où leur apparition dans le liber secondaire est assez tardive, moins tardive cependant que ne l'a cru M. Trécul.

Au point de vue de la distinction des genres et de la mesure de leurs affinités, il n'est pas sans intérêt de faire remarquer que, par la distribution des organes oléorésineux dans la racine et par la structure du bois, le *Rheedia lateriflora* et le *Mammea americana* appartiennent à deux sections différentes de la famille, le premier se rattachant au *Xanthochymus*, le second au *Calophyllum*. On sait en effet que M. Grisebach réunit ces deux plantes dans le même genre (2), tandis que MM. Planchon et Triana, non-seulement les distinguent génériquement, mais encore les rattachent à deux tribus différentes, la première aux

(1) *Loc. cit.*, p. 541.

(2) Grisebach, *Notice sur le genre Rheedia* (*Ann. des sc. nat.*, 4e série, 1854, t. XX, p. 291).

Garciniées, la seconde aux Calophyllées (1). L'étude anatomique qui précède vient donc, par une voie indépendante, confirmer pleinement les conclusions que MM. Planchon et Triana ont déduites de l'organisation de la fleur, du fruit et de l'embryon.

AROÏDÉES.

Outre les vaisseaux laticifères annexés à leurs faisceaux libéro-ligneux, les *Philodendron* et les *Homalonema* possèdent des canaux sécréteurs. M. Trécul les a fait connaître le premier (2). J'ai eu, peu de temps après, l'occasion de les étudier à mon tour, et d'en signaler la présence dans le *Schismatoglottis* (3). La coexistence des vaisseaux laticifères et des canaux sécréteurs dans le même organe, coexistence que nous avons déjà observée dans quelques Composées, donne à ces Aroïdes un intérêt tout particulier. Je vais donc résumer ici les observations relatives à la disposition des canaux dans les divers organes de ces plantes, de manière à leur faire prendre la place qui leur revient dans le cadre général de ce travail.

Dans la racine des *Philodendron*, les canaux oléorésineux ne pénètrent pas dans le cylindre central, ils demeurent localisés à l'intérieur du parenchyme cortical. Ils y affectent une disposition circulaire, mais le nombre de cercles auxquels ils se rattachent varie suivant les espèces. En outre, les cellules de l'écorce qui entourent l'épithélium sécrétant s'allongent beaucoup et s'épaississent en fibres, de manière à envelopper le canal d'une gaîne résistante. Il n'y a qu'un cercle de canaux dans le *Philodendron Rudgeanum*; il y en a trois dans le *Ph. crinipes*, quatre dans le *Ph. micans* et dans le *Ph. lacerum*. Dans cette dernière plante, les canaux du cercle externe manquent de gaîne fibreuse.

(1) J. Planchon et Triana, *Mémoire sur la famille des Guttifères* (Ann. des sc. nat., 4ᵉ série, t. XIII, XIV et XV). — *Réponse aux critiques de M. Grisebach relativement aux genres Rheedia et Mammea* (Ann. des sc. nat., 4ᵉ série, 1861, t. XV, p. 236).

(2) *Comptes rendus*, 1866, t. LXII, p. 30.

(3) *Recherches sur la structure des Aroïdées* (Ann. des sc. nat., 5ᵉ série, 1866, t. VI).

La même localisation des canaux oléorésineux à l'intérieur du parenchyme cortical s'observe dans la racine des *Homalonema*; mais ces organes n'y sont pas entourés par la gaine fibreuse qui les protége dans les *Philodendron*. On compte trois cercles de canaux sécréteurs dans la racine de l'*H. rubescens*.

Dans la tige des *Philodendron*, les canaux oléorésineux sont tantôt localisés dans le parenchyme cortical entre les faisceaux foliaires qui ont déjà quitté le cylindre central (*Philodendron Rudgeanum*), tantôt disséminés à la fois dans tout le parenchyme tant médullaire que cortical (*Philodendron hastatum, tripartitum, micans*).

Dans la tige de l'*Homalonema rubescens*, ces canaux sont remplacés par de grandes cavités ovoïdes disséminées aussi bien dans le parenchyme central que dans l'écorce.

Enfin le pétiole des *Philodendron, Homalonema, Schismatoglottis*, présente de nombreux canaux oléorésineux, dont les plus externes sont appuyés contre le collenchyme sous-épidermique, et les autres se trouvent répandus dans toute l'épaisseur du parenchyme (1).

C'est donc un double caractère général pour le système de canaux sécréteurs des Aroïdées d'appartenir exclusivement au parenchyme, et d'y être disposé sans relation avec les faisceaux libériens et ligneux dans la racine, ni avec les faisceaux libéroligneux dans la tige et les feuilles. Sous ce double rapport, ce système se comporte comme celui des *Clusia*.

(1) On ne trouve de canaux oléorésineux ni dans la racine, ni dans la tige, ni dans la feuille des *Aglaonema*. Mais la tige de l'*A. marantaefolia* présente dans son parenchyme un cercle de larges canaux gommifères, dont la tige de l'*A. simplex* est dépourvue. On retrouve des canaux semblables dans d'autres Aroïdées, dans le *Raphidophora pinnata*, par exemple, dans le *Monstera surinamensis*, et dans l'*Anthurium crassinervium*; mais l'organisation de ces canaux gommeux est assez différente de celle qui appartient aux véritables canaux sécréteurs dont il est question dans ce mémoire.— Voyez, sur ce point, *Recherches sur la structure des Aroïdées* (loc. cit.).

BUTOMÉES.

La racine de l'*Hydrocleis Humboldtii*, dont j'ai décrit ailleurs l'organisation (1), est entièrement dépourvue des étroits canaux oléorésineux qui abondent dans la tige et dans les feuilles, et dont la structure a été exactement indiquée, il y a déjà bien longtemps, par M. Schleiden et par l'auteur anonyme de 1846.

Dans la tige, les canaux appartiennent au parenchyme, mais ils y sont disposés régulièrement par rapport aux faisceaux libéroligneux. Ces derniers sont rangés en deux cercles concentriques. Un premier cercle périphérique comprend de nombreux petits faisceaux; un second cercle intérieur n'en renferme que cinq plus grands. Il y a un canal à droite et à gauche de chaque fascicule périphérique, et un peu en dehors. Tous ensemble ces canaux forment un cercle extérieur aux faisceaux, et ils alternent deux par deux avec ces faisceaux. Au parenchyme qui entoure chacun des cinq faisceaux du cercle interne viennent aboutir en rayonnant les murs unisériés des lacunes environnantes. Vis-à-vis du point d'attache de chacun de ces murs, la gaine parenchymateuse du faisceau présente un étroit canal bordé de quatre à six cellules actives.

Telle est la disposition des canaux sécréteurs; ils sont extérieurs aux faisceaux, et appartiennent au parenchyme ambiant. Toutefois, sans doute en raison de la constitution symétriquement lacuneuse de ce parenchyme, ils n'y sont pas disséminés, mais bien rangés avec ordre par rapport aux faisceaux.

Une disposition semblable se retrouve dans le pédoncule floral, qui a six faisceaux principaux dans le cercle interne, et dans le pétiole, qui n'a qu'un seul faisceau principal médian.

(1) *Mémoire sur la racine* (*Ann. des sc. nat.*, 5e série, t. XIII, p. 163).

ALISMACÉES.

La tige et la feuille des Alismées ont aussi, dans leur parenchyme, un système d'étroits canaux sécréteurs dont la structure, méconnue par Meyen, a été exactement comprise par l'auteur anonyme de 1846.

Le pédoncule floral de l'*Alisma Plantago* se compose d'un parenchyme cortical peu épais et d'un large cylindre central. Le parenchyme cortical est lacuneux, privé de faisceaux et se termine en dedans par une membrane protectrice. C'est dans sa zone périphérique, très-près de l'épiderme, que sont disposés en cercle d'étroits canaux sécréteurs bordés par quatre à dix petites cellules incolores. Le cylindre central ne possède de canaux, ni dans ses faisceaux libéroligneux, ni dans le tissu conjonctif (moelle) qui les sépare.

On voit que la disposition des canaux dans la tige de l'*Alisma* est fort différente de celle que présente la tige de l'*Hydrocleis*, comme est aussi très-différente la structure de cet organe dans ces deux genres.

Le pétiole de la feuille, outre un système de petits faisceaux périphériques, a cinq faisceaux plus grands, disposés en arc au milieu du parenchyme lacuneux. Il y a un canal sécréteur au dos de chaque fascicule périphérique, appuyant ses cellules de bordure, d'une part contre les cellules libériennes, de l'autre contre l'assise sous-épidermique. Mais comme ces fascicules ne correspondent que de deux en deux aux murs de séparation des lacunes périphériques, il y a, en outre, un canal isolé en face du mur intermédiaire et ce canal appuie directement ses cellules de bordure contre l'épiderme. En outre, la gaîne de parenchyme compacte qui entoure chacun des cinq faisceaux en arc, et à laquelle viennent aboutir les murs unisériés des lacunes environnantes, présente un canal sécréteur vis-à-vis de l'insertion de chacun de ces murs.

La Sagittaire (*Sagittaria sagittifolia*) présente, dans l'arrangement de ses canaux, quelques différences secondaires.

Ses stolons sont formés d'un parenchyme cortical lacuneux très-épais, enveloppant un étroit cylindre central. Le parenchyme cortical renferme des faisceaux périphériques et d'autres plus grands dans son épaisseur. Les canaux sécréteurs, pleins d'un suc laiteux, y sont disposés, sans rapport avec ces faisceaux, en un cercle périphérique et en un second cercle voisin du cylindre central. Ce dernier est dépourvu de canaux.

Dans le pétiole, les plus grands des faisceaux périphériques, ceux qui n'appuient pas directement leur arc de fibres libériennes contre l'épiderme, ont seuls un canal dorsal. Ce canal est entouré par quatre cellules, et souvent il y en a deux ou trois côte à côte au dos de chaque faisceau. On voit, en outre, dans cette zone périphérique des canaux isolés dans l'intervalle des faisceaux. Les faisceaux internes disposés en arc n'ont pas, comme dans les *Alisma*, de canaux sécréteurs dans leur gaîne en face des murs unisériés des lacunes voisines. Çà et là, dans le parenchyme, on voit le point de réunion des murs des lacunes occupé par un canal sécréteur.

CONIFÈRES.

La structure et le mode de développement des canaux résineux des Conifères sont aujourd'hui bien connus. Aussi me bornerai-je à étudier ici, dans un certain nombre de genres de la famille, la distribution de ces canaux dans les divers tissus de la plante, et notamment la disposition qu'ils affectent vis-à-vis du système libéro-ligneux.

Sous ce rapport, il y a plusieurs types à distinguer, et ces modifications diverses, si on les combine avec d'autres caractères de structure, par exemple avec ceux qu'on peut puiser dans l'organisation également variable du liber secondaire, viennent aider puissamment à la caractérisation des genres (1).

---

(1) Pour l'étude détaillée de la racine des Conifères et des Cycadées, voyez mon mémoire déjà cité (*Ann. des sc. nat.*, 5ᵉ série, t. XIII, p. 187).

1. — Le type le plus simple est réalisé par l'If (*Taxus baccata*). On sait en effet que la racine, la tige et la feuille de cette plante sont à tout âge dépourvues de canaux résineux.

Dans toutes les autres Conifères qui me sont connues, les feuilles tout au moins possèdent des canaux sécréteurs. Ces canaux se prolongent dans le parenchyme cortical du rameau, où ils descendent plus ou moins bas, souvent jusque vers le point d'insertion de la feuille sous-jacente. Une section de la branche montre donc, dans le parenchyme cortical vert, un cercle de canaux résineux dont le nombre dépend du mode d'arrangement des feuilles, canaux qui s'échappent en même temps que le faisceau foliaire et qui l'accompagnent dans la feuille.

2. — Beaucoup de Conifères ne possèdent que ce système de canaux corticaux foliaires. Il ne s'y forme de canaux sécréteurs ni dans le tissu conjonctif de la racine, ni dans la moelle qui est en quelque sorte le tissu conjonctif de la tige, ni dans les faisceaux libériens, ligneux et libéro-ligneux à aucun âge de leur développement. La racine des plantes qui se rattachent à ce second type est donc, à tout âge, entièrement dépourvue de canaux sécréteurs, car le parenchyme cortical de cet organe ne renferme de canaux dans aucune Conifère, et il s'exfolie partout de bonne heure. Ainsi se comportent les *Cryptomeria japonica*, *Taxodium sinense*, *Podocarpus elongata*, *Dacrydium Franklinii*, *Torreya Myristica*, *T. nucifera*, *Cunninghamia sinensis*, *Tsuga canadensis*, etc.

3. — Outre ce système de canaux corticaux, la branche du *Ginkgo biloba* a dans sa moelle deux larges canaux qui correspondent aux points d'insertion des deux feuilles supérieures. En effet, le faisceau foliaire bifurqué non-seulement possède, à son entrée dans le pétiole, trois canaux disposés en arc sur sa face inférieure et qu'il a pris au parenchyme cortical, mais en outre il a au-dessus de lui un canal médian, comme s'il avait entraîné avec lui le canal médullaire correspondant de la branche. Toutefois il n'y a pas continuité entre ces deux canaux; ils sont simplement dans le prolongement l'un de l'autre. En effet, au

nœud les canaux médullaires cessent, et le pétiole, considéré à
son insertion même, ne possède pas encore de canal supérieur.
Ce n'est qu'un peu plus haut que ce dernier y apparaît dans le
prolongement idéal du canal médullaire correspondant. A mesure que les deux faisceaux du pétiole se divisent et que leurs
branches divergent dans le limbe, les canaux tant inférieurs
que supérieurs se divisent aussi de manière à alterner toujours
avec les nervures. Seulement ils sont fréquemment interrompus
pendant leur trajet dans le limbe. Ce dernier, vu par transparence, présente en effet entre ses nervures des séries de poches
translucides fort allongées, situées sur le prolongement l'une de
l'autre.

Comme les plantes du second type, le *Ginkgo biloba* ne possède
d'ailleurs aucun canal sécréteur dans le tissu conjonctif de sa
racine, aucun dans ses faisceaux libériens, ligneux, et libéro-
ligneux.

4. — Il en est autrement, au moins sous le premier rapport,
dans les plantes qui se rattachent à notre quatrième type et
parmi lesquelles je prendrai pour exemple le *Cedrus Deodara*.

Dans sa période primaire la racine du Cèdre présente un large
canal résineux au centre du tissu conjonctif qui sépare les lames
vasculaires rayonnantes. Les faisceaux libériens et vasculaires
n'en ont pas, et le parenchyme cortical en est, comme toujours,
dépourvu. Agée de cinq ans, la racine, dépouillée de son parenchyme cortical primitif, ne possède pas encore d'autre canal
sécréteur que ce canal axile. Les cinq couches du bois secondaire, le liber primaire et secondaire en sont également dépourvus.

Ce mode d'organisation paraîtra fort singulier, si l'on réfléchit
que c'est la première fois, dans la suite de ces études, que nous
voyons des canaux sécréteurs se former dans le tissu conjonctif
d'une racine.

La tige se comporte comme celles des plantes du second type,
c'est-à-dire que dans une branche de quatre ans, par exemple,
on n'y trouve pas d'autres canaux que ceux du parenchyme
cortical qui accompagnent deux à deux les faisceaux foliaires au

moment où ils s'échappent pour entrer dans la feuille. Moelle, bois et liber en sont également dénués. A ne considérer que la branche, on eût donc placé le Cèdre dans la seconde section, et l'on eût négligé ainsi un de ses caractères de structure les plus frappants.

L'*Abies Pinsapo* présente la même disposition. Comme celle du Cèdre, sa racine possède un canal résineux au centre du tissu conjonctif, et c'est, même à l'âge de dix ans, le seul canal qu'on y rencontre. Mais, en outre, cet organe présente un caractère particulier. Certaines cellules appartenant au liber primaire et aux rayons parenchymateux du liber secondaire, énormément élargies, et disséminées parmi les cellules amylifères qui les entourent, produisent une matière gommeuse hyaline insoluble dans l'eau, inodore, qui s'écoule en abondance quand on blesse le périderme. Au centre de chacune de ces grandes cellules à mucilage se trouve une macle de petits cristaux.

La tige de cette plante ne possède de canaux que dans son parenchyme cortical. C'est aussi dans ce parenchyme cortical que se trouvent disséminées de larges cellules à mucilage incolore, à paroi molle et peu adhérente aux cellules vertes voisines. Ces cellules y sont toutefois moins nombreuses que dans la racine (1).

Les *Abies balsamea* et *pectinata*, l'*A. Brunoniana*, ainsi que le *Pseudolarix Kœmpferi*, possèdent aussi un canal conjonctif central dans leur racine, tandis que le bois et le liber, aussi bien dans la tige que dans la racine, n'y contiennent pas de canaux sécréteurs.

Les Cèdres, les Sapins et le *Pseudolarix* se rattachent ainsi à un quatrième type nettement défini.

5. — Les Pins réalisent un cinquième mode de distribution.

Il n'y a dans l'organisation primaire de la racine des Pins

(1) Ces grandes cellules à gomme du parenchyme cortical de la tige ont été décrites par Schacht, dans l'*Abies pectinata*, sous le nom de *cellules à bassorine*. Elles ont été signalées plus tard par H. v. Mohl dans l'*Abies sibirica*. Elles caractérisent les vrais *Abies*, et se retrouvent chez le *Pseudolarix*, qui, sous ce rapport comme par la disposition de ses canaux, se comporte comme un *Abies*, non comme un *Larix*. Elles manquent dans les *Picea*, *Tsuga* et *Pseudotsuga*.

(*Pinus sylvestris*, *Pinaster*, *Laricio*, etc.), ni canal conjonctif central, ni canaux libériens. C'est vis-à-vis de chaque lame vasculaire et entre les cellules internes de l'épaisse membrane rhizogène que se trouve creusé un canal résineux. Pour permettre, malgré cet obstacle, l'insertion directe des radicelles sur le faisceau vasculaire, la lame se bifurque en Y et le canal est logé dans l'angle dièdre ainsi formé. Les canaux primitifs de la racine des Pins appartiennent donc au bois primaire, et leur position n'est pas sans rappeler celle des canaux primaires de la racine des Ombellifères et des Araliacées, plantes où elle entraîne cependant de bien autres conséquences.

Plus tard, après l'exfoliation du parenchyme cortical et la formation des faisceaux libéro-ligneux secondaires, de nouveaux canaux se constituent dans le bois secondaire de manière à former un cercle assez régulier dans l'anneau ligneux de première année. Les années suivantes il se fait de même, vers la périphérie de chaque nouvelle couche de bois, un cercle plus ou moins régulier de canaux sécréteurs. Le liber secondaire en demeure indéfiniment dépourvu. Quant aux canaux primaires, ils continuent à s'apercevoir au fond des rayons principaux qui séparent les faisceaux libéro-ligneux.

Dans la tige, on trouve d'abord le système ordinaire des canaux corticaux qui passent deux par deux dans les feuilles. En outre, dans la branche très-jeune, quand les faisceaux libéro-ligneux primaires sont encore séparés, chacun de ceux qui jouent le rôle de troncs principaux possède un canal sécréteur dans sa région ligneuse au milieu des vaisseaux. Mais les branches foliaires que ces troncs principaux produisent en se divisant, et qui séjournent d'abord à côté d'eux avant de se rendre aux feuilles, ne contiennent pas de canal. Aucun de ces faisceaux ne renferme d'ailleurs de canal sécréteur dans sa région libérienne.

Vers la fin de la première année de végétation, il se fait dans le bois de la branche un nouveau cercle de canaux résineux; de sorte que la couche ligneuse de première année a, dans la tige, deux rangées de canaux, tandis qu'elle n'en a qu'une seule rangée dans la racine. Chaque année suivante, il se forme dans la couche de bois correspondante un cercle de canaux résineux. C'est dans la zone de vaisseaux étroits et épaissis et vers la limite externe de cette zone, que se trouvent ordinairement ces canaux, c'est-à-dire que c'est vers la fin de la période végétative qu'ils se constituent (*Pinus Laricio, sylvestris*). Dans le *Pinus Pinaster*, ils se forment un peu plus tôt, car ils occupent dans chaque couche annuelle la limite entre les deux zones; ils ne pénètrent pas dans la zone des vaisseaux étroits.

Le Mélèze (*Larix europæa*) se comporte, dans ses traits principaux, comme les Pins. Sa racine a d'abord un canal résineux superposé à chaque faisceau vasculaire primitif, puis elle en forme de nouveaux dans le bois secondaire de première année. Dans chaque couche annuelle ultérieure il se produit un cercle de canaux plus ou moins régulier, situé à peu près à la limite du bois de printemps et du bois d'automne.

Mais, en outre, la racine du Mélèze possède des lacunes résineuses dans le liber. Les coupes longitudinales montrent que ces lacunes, n'étant pas beaucoup plus hautes que larges, ne sont pas des canaux continus. On les voit se succéder en séries verticales à peu de distance l'une de l'autre. Toujours situées dans un rayon parenchymateux du liber secondaire, elles envoient vers l'intérieur un prolongement qui suit horizontalement ce rayon, pénètre plus ou moins profondément dans le bois et vient communiquer avec un des canaux ligneux voisins de ce rayon. Ces poches ne sont donc pas autre chose que des expansions latérales de certains canaux du bois secondaire s'étendant dans la direction du rayon jusque dans la couche contemporaine du liber secondaire. D'abord courtes quand le liber et le bois se trouvent en contact, ces branches horizontales s'allongent naturellement à mesure que de nouvelles productions libéro-ligneuses secondaires s'interposent entre leurs deux extrémités. En même temps leur extrémité libre se dilate beaucoup dans le liber, tandis que la branche qui réunit la poche ainsi formée au canal demeure étroite comme le canal lui-même. On ne rencontre pas de canaux proprement dits dans le liber primaire et secondaire de cette racine.

La tige du Mélèze présente comme celle des Pins des canaux résineux dans le bois primaire et secondaire de première année, et dans chaque couche ligneuse annuelle (1). Ces canaux, comme ceux de la racine, envoient dans les rayons principaux des branches horizontales qui se prolongent jusque dans le liber, et s'y terminent en forme de larges poches (2). Le tissu libérien primaire ou secondaire est dépourvu de canaux sécréteurs.

L'Épicéa (*Picea excelsa, Picea Khutrow*) se rattache au même type que le Pin et le Mélèze, mais avec quelques différences. D'abord il n'existe pas ici de canaux supravasculaires dans l'organisation primaire de la racine. Des canaux se développent bien à cette place comme dans les Pins et le Mélèze, mais seulement plus tard, au début des productions secondaires. D'ailleurs il se fait chaque année, dans la couche de bois secondaire de la racine et vers la limite externe de cette couche, un nouveau cercle plus ou moins régulier de canaux sécréteurs.

Seconde différence, le bois primaire de la tige est dépourvu des canaux qu'on y rencontre dans les deux genres précédents, et même il ne s'en forme pas d'ordinaire dans le bois secondaire de la première et parfois aussi de la seconde année. Les années suivantes, on en voit, mais en petit nombre, au bord externe de la couche annuelle. Le liber primaire et secondaire de la tige est d'ailleurs, comme celui de la racine, entièrement dépourvu de canaux résineux.

Le *Pseudotsuga Douglasii* se comporte essentiellement comme les *Picea*.

Le Pin, le Mélèze, l'Epicéa et le *Pseudotsuga* forment donc une

(1) Les vaisseaux les plus épaissis et les plus étroits formant la zone externe de la couche ligneuse annuelle (bois d'automne), présentent dans le Mélèze et dans l'Epicéa, comme cela est bien connu dans l'If, outre les ponctuations aréolées, une spire d'épaississement très-nette. Cette observation a déjà été faite par Schacht.

(2) H. v. Mohl a signalé le premier, dans la tige des Conifères dont le bois présente des canaux sécréteurs, ces canaux horizontaux des rayons principaux et ces lacunes résineuses de l'écorce, mais sans toutefois rattacher les secondes aux premiers. Il a remarqué que dans le Mélèze la formation de ces poches est beaucoup plus précoce que partout ailleurs ; elles y existent déjà dans la branche d'un ou deux ans, tandis que dans le *Pinus Strobus*, par exemple, elles n'apparaissent qu'après la dixième année. (*Botanische Zeitung*, 1859, p. 329.)

cinquième section nettement définie par la position exclusive des canaux sécréteurs dans le bois, mais qui se subdivise en deux groupes, suivant que ces organes apparaissent dès le bois primaire, ou qu'ils ne se développent que plus tard dans le bois secondaire (1).

6. — Dans d'autres Conifères, enfin, c'est au contraire dans le liber primaire et secondaire que se localisent les canaux sécréteurs dont le bois est toujours dépourvu ; ces plantes forment donc une sixième et dernière section.

Je prendrai pour premier exemple les Araucarias. Dans la racine des *Araucaria Cookii* et *brasiliensis*, les larges faisceaux libériens qui, au nombre de deux le plus souvent, alternent à la périphérie du cylindre central avec autant de faisceaux vasculaires rayonnants, contiennent chacun cinq canaux résineux. Plus tard, tandis que le parenchyme cortical s'exfolie par suite de la formation d'une couche subéreuse par la membrane rhizogène, tandis que se développent les faisceaux libéro-ligneux secondaires, on voit apparaître dans le liber secondaire un nouveau cercle de canaux résineux, et il s'en forme d'autres plus internes dans la suite du développement. Le bois de la racine est toujours dépourvu de canaux sécréteurs.

Outre les canaux corticaux qui pénètrent deux par deux dans

(1) M. Müller affirme, il est vrai (*loc. cit.*, p. 399), que les jeunes faisceaux libéro-ligneux de la tige du *Pinus taurica* et du *Picea excelsa* possèdent un canal résineux dans leur région libérienne, et il décrit le mode de formation de ce canal. Il représente en effet (pl. XLVII, fig. 1) un faisceau libéro-ligneux pris dans l'axe d'un bourgeon de *Pinus taurica*, et ce faisceau renferme entre le cambium et le groupe libérien externe Ex un canal p formé de quatre cellules entourant un méat quadrangulaire. Il donne en outre (fig. 2) l'ensemble d'une coupe transversale de l'axe du bourgeon, et chacun des huit faisceaux constitutifs de cet axe contient un canal dans sa région libérienne. Il m'a été, cependant, impossible de vérifier cette assertion et ses figures, ni sur le *Pinus Laricio* v. *taurica* cité par M. Müller, ni sur aucune autre des diverses espèces de Pins que j'ai étudiées à ce point de vue, et je n'ai pas été plus heureux avec le *Picea excelsa*. Mais une autre chose m'étonne bien davantage. Je viens de faire voir que le jeune faisceau libéro-ligneux de la tige des Pins renferme dans sa région ligneuse un canal sécréteur bordé à l'origine par quatre ou cinq cellules. Or ce canal si net, M. Müller n'en signale pas l'existence, et ses figures 1 et 2 ne le représentent pas. Comment expliquer cette double contradiction ? Serait-ce donc que M. Müller aurait vu les choses à rebours, et qu'ici encore il aurait pris le liber pour le bois et le bois pour le liber ?

les feuilles, la branche d'un an possède aussi des canaux sécréteurs dans le liber primaire de ses faisceaux principaux ; on n'en
voit pas encore à cette époque dans le liber secondaire, qui en
acquiert plus tard.

Le faisceau foliaire, bien avant d'entrer dans la feuille, est
dépourvu de canal libérien.

Les choses se passent à peu près de même dans le *Widdringtonia cupressoides*. Dans l'organisation primaire de la racine de
cette plante on trouve un canal résineux au centre de chaque
faisceau libérien, comme dans les Térébinthacées, comme dans
certaines Clusiacées. Plus tard, dans une racine de trois ans, par
exemple, outre ce premier cercle de canaux primaires considérablement élargis, on trouve au moins deux cercles concentriques de canaux sécréteurs plus nombreux et plus étroits dans
la partie externe du liber secondaire, et il s'en fait d'autres par
la suite du développement.

La tige, outre son système de canaux corticaux qui passent
un à un dans les feuilles, présente un système de canaux libériens semblable à celui de la racine. Le bois de la tige, comme
celui de la racine, est dépourvu de canaux.

Dans les *Thuia occidentalis*, *Biota orientalis*, *Cupressus sem-
pervirens*, la racine n'a pas de canaux sécréteurs dans ses faisceaux libériens primaires. Seulement il s'en développe plus tard
dans le liber secondaire, et j'en compte jusqu'à quatre cercles, un
peu irréguliers, dans une racine très-âgée de *Biota orientalis*. Il
en est de même dans la tige de ces plantes. Le bois de la racine
et de la tige y est dépourvu de canaux résineux.

Ces plantes se rattachent donc au type des *Araucaria* et du
Widdringtonia, avec une modification secondaire analogue à
celle que les *Picea* présentent par rapport aux *Pinus* et *Larix*.

En résumé, les Conifères ne possèdent jamais de canaux résineux dans le parenchyme cortical primaire de leur racine ; mais
c'est la seule région d'où ces organes sécréteurs soient totalement
exclus. Tous les autres tissus de la plante peuvent en présenter ;
et, sous ce rapport, il y a six modifications principales à distin-

guer. Je les caractériserai de la manière suivante, en ne tenant compte que de la racine et de la tige.

1. Pas de canaux dans la racine. Pas de canaux dans la tige. (*Taxus.*)

2. Pas de canaux dans la racine. Canaux dans le parenchyme cortical de la tige. (*Cryptomeria, Taxodium, Podocarpus, Dacrydium, Torreya, Cunninghamia, Tsuga.*)

3. Pas de canaux dans la racine. Canaux dans le parenchyme cortical et dans la moelle de la tige. (*Ginkgo.*)

4. Un canal central dans la racine. Canaux dans le parenchyme cortical de la tige. (*Cedrus, Abies, Pseudolarix.*)

5. Canaux dans le bois des faisceaux de la racine et de la tige. Canaux dans le parenchyme cortical de la tige. (*Pinus, Larix-Picea, Pseudotsuga.*)

6. Canaux dans le liber des faisceaux de la racine et de la tige. Canaux dans le parenchyme cortical de la tige. (*Araucaria, Widdringtonia-Thuia, Biota, Cupressus.*)

CYCADÉES.

Les canaux sécréteurs des Cycadées, dont la structure est bien connue depuis les observations de M. Trécul (1), se trouvent disséminés dans le parenchyme cortical de la tige. La moelle des *Cycas* en paraît dépourvue. Ils ne pénètrent, ni dans le bois, ni dans le liber des faisceaux libéro-ligneux, que ceux-ci appartiennent au cercle normal ou au cercle surnuméraire, qui, dans les *Cycas*, se forme plus tard en dehors du premier.

Dans le pétiole de la feuille, ils sont répandus dans toute l'étendue du parenchyme. Les faisceaux n'en ont, ni dans leur moitié libérienne, ni dans leur moitié ligneuse. Cette dernière a, comme Mettenius l'a montré depuis longtemps (2), une structure fort singulière et très-différente de celle du faisceau de la tige. Les vaisseaux y forment, en effet, deux groupes superposés. Le

(1) Journal *l'Institut*, 1862, p. 313.
(2) Voyez aussi, sur ce point, G. Kraus. *Jahrbücher für wiss. Bot.*, 1865-66. IV, p. 330.

groupe interne, étalé en éventail, a un développement centripète ; sa pointe, formée par les vaisseaux les plus étroits, est tournée en dehors et le diamètre des vaisseaux y augmente progressivement vers l'intérieur. Le groupe externe, au contraire, est centrifuge ; les vaisseaux les plus étroits sont tournés en dedans, contre les vaisseaux les plus étroits du groupe interne, et leur calibre augmente progressivement vers l'extérieur.

Les faisceaux de la tige de nos Cycadées actuelles ne possèdent pas ce groupe interne centripète. Mais on le retrouve sur la face interne des faisceaux de la tige des *Sigillaria*. Ces Cycadées de la flore carbonifère possédaient ainsi, dans son complet développement, cette organisation singulière du faisceau libéro-ligneux, que les Cycadées de la flore actuelle ont perdue dans leur tige, mais ont conservée dans leurs feuilles. M. Brongniart, qui a signalé le premier ce caractère remarquable de la tige des *Sigillaria* (1), a été surtout frappé de la différence que ce caractère établit entre ces plantes et les Cycadées actuelles, différence qui l'a empêché, malgré tant d'autres ressemblances, de les classer dans la famille même des Cycadées. La frappante analogie de structure qui éclate, au contraire, si l'on considère les faisceaux de nos Cycadées, non dans la tige, mais dans la feuille, paraît lui avoir échappé.

Le parenchyme cortical de la racine des Cycadées ne renferme pas de canaux gommeux. Ces organes sécréteurs ne s'y montrent, dans le pivot du *Ceratozamia mexicana*, que tout à fait à sa base, près de la limite entre la racine et la tige. Le cylindre central n'en possède à aucune époque de son développement.

Par le mode de distribution de leurs canaux sécréteurs, les Cycadées ressemblent donc aux Conifères de notre seconde section (2).

(1) Ad. Brongniart, *Observations sur la structure interne du Sigillaria elegans* (*Archives du Muséum*, 1839, t. I).

(2) C'est peut-être ici le lieu de rappeler que l'on trouve des canaux gommifères dans quelques Fougères de la tribu des Marattiées. Dans le *Marattia laevis* ils se rencontrent à la fois dans le parenchyme cortical de la racine et dans le parenchyme du pétiole. Les *Angiopteris evecta* et *Willinckii* n'en offrent que dans le pétiole. Le système de canaux à gomme coexiste dans ces plantes avec un système de laticifères à tannin. (Voy. mon mémoire sur la racine, *loc. cit.*, p. 70 et suiv.)

RÉSUMÉ.

Nous venons de poursuivre, à travers douze familles naturelles, l'étude de la distribution des canaux sécréteurs dans les différents tissus des principaux organes de la plante, considérés aux époques successives de leur développement. Il est temps de jeter un coup d'œil d'ensemble sur les résultats obtenus.

Nous avons vu que le système des canaux sécréteurs d'un organe se comporte de plusieurs manières vis-à-vis du système libéro-ligneux de cet organe. Il appartient, en effet, soit au parenchyme, comme dans les *Tagetes*, les *Clusia*, les *Philodendron*, les Cycadées, etc., soit aux faisceaux ; et dans ce dernier cas, il se trouve localisé, tantôt dans les faisceaux libériens et dans le liber des faisceaux libéro-ligneux, comme dans les Térébinthacées, tantôt dans les faisceaux vasculaires et dans le bois des faisceaux libéro-ligneux, comme dans la racine des Pins. Il y a donc trois types principaux à distinguer.

Chacun de ces trois types simples est susceptible de se modifier.

Ainsi, comme le tissu qui unit les faisceaux dans la racine et dans la tige se divise en deux régions, une région externe ou parenchyme cortical, et une région interne que nous nommons tissu conjonctif dans la racine et moelle dans la tige, le premier type présente, aussi bien pour la racine que pour la tige, trois modifications. Pour la racine, en effet, les canaux sécréteurs peuvent se rencontrer à la fois dans le tissu conjonctif et dans le parenchyme cortical, ou seulement dans l'un de ces deux tissus ; de même pour la tige. Des modifications du second ordre résultent ensuite de la localisation des canaux sécréteurs dans telle ou telle zone du tissu, ainsi que des divers rapports de position qui les rattachent aux faisceaux libériens, ligneux ou libéroligneux.

De leur côté, le second et le troisième type offrent deux modifications, suivant que les canaux sécréteurs apparaissent dès l'abord dans les faisceaux libériens ou ligneux primaires, ou qu'ils ne se développent que plus tard dans le liber secondaire ou dans le bois secondaire.

Ces trois types simples, sous quelque modification qu'ils se présentent, peuvent aussi se superposer deux à deux, ou même coexister tous les trois dans un seul et même organe. Ainsi, la tige des Pins a des canaux sécréteurs dans son parenchyme cortical et des canaux dans le bois de ses faisceaux libéro-ligneux. La tige des *Araucaria*, *Mammea*, *Helianthus*, des Ombellifères, etc., possède, outre ses canaux corticaux, des canaux sécréteurs dans le liber de ses faisceaux libéro-ligneux. Quelques Ombellifères ont même à la fois des canaux dans le parenchyme cortical et médullaire de leur tige, ainsi que dans le liber et dans le bois de ses faisceaux libéro-ligneux.

En outre, les principaux organes d'une même plante, sa racine, sa tige, sa feuille, son pédicelle floral, peuvent présenter des arrangements différents.

Il résulte de tout cela que la plante, considérée dans son ensemble, peut réaliser, dans la disposition de ses canaux sécréteurs, un nombre considérable de combinaisons diverses et caractéristiques.

Plusieurs de ces combinaisons diverses peuvent se rencontrer à l'intérieur d'une seule et même famille naturelle, comme nous l'avons vu dans les Composées, les Clusiacées, les Conifères, etc.; et cette distribution différente des canaux sécréteurs n'est pas un des moindres caractères de structure dont l'anatomie comparée ait à tenir compte pour estimer les affinités naturelles des genres.

On voit, par ce qui précède, que les canaux sécréteurs des plantes offrent, dans leur mode de distribution au milieu des tissus, des types analogues à ceux qu'on peut établir pour la répartition des vaisseaux laticifères, et des variations de ces types au moins aussi étendues que celles que présentent ces derniers organes. Ceci nous amène à comparer nos canaux sécréteurs, d'une part aux vaisseaux laticifères, d'autre part à ce qu'on appelle les organes glanduleux de la plante (poils glanduleux, glandes intérieures, etc.).

Les principes immédiats formés dans ces trois sortes d'organes offrent la plus grande analogie. Ce sont toujours, mélangées en proportions variables, des substances riches en carbone et en hydrogène, et dans lesquelles l'oxygène, ou bien manque complétement (caoutchouc, essence de térébenthine, etc.), ou se trouve en proportion relativement faible (camphres, etc.), atteignant quelquefois la proportion de l'hydrogène (gomme, amidon, etc.). Dans chaque classe d'organes, la nature des produits et les proportions où ils sont mélangés subissent d'ailleurs des variations semblables et entre des limites également étendues. En outre, ces produits similaires, quelquefois même identiques, se forment, dans les trois appareils, à l'intérieur de cellules spécialisées de la même manière par rapport au tissu ambiant, et ils sont la principale manifestation de la vie propre de ces éléments spécialisés. Il y a donc entre ces trois sortes d'organes une profonde ressemblance physiologique.

La différence la plus frappante, c'est que dans les vaisseaux laticifères les produits demeurent confinés dans la cellule qui les a formés ou du moins dans le système de tubes provenant de la superposition de ces cellules, avec ou sans résorption des cloisons transverses, tandis que dans les canaux sécréteurs ils s'échappent de la cellule génératrice à travers la face libre de l'élément pour s'accumuler dans la cavité, et que dans les organes glanduleux épidermiques ils s'écoulent directement dans l'atmosphère extérieure. Mais il est facile de voir que c'est là une différence purement anatomique, je veux dire provoquée seulement par la disposition diverse des éléments sécréteurs dans les trois appareils. Elle disparaît en effet, quand, par suite de certaines circonstances particulières, ces trois organes se trouvent ramenés, sans perdre leur caractère, aux mêmes conditions anatomiques.

Qu'un vaisseau laticifère, par exemple, vienne à côtoyer par quelqu'une de ses branches une lacune aérifère du parenchyme, ou à longer la paroi d'un vaisseau lymphatique âgé dans une région où ce vaisseau contient de l'air ; ce vaisseau laticifère se trouvera, en ce point, dans les mêmes conditions physiques que la cellule sécrétante d'un canal, et le même phénomène physique aura lieu, c'est-à-dire que le liquide contenu dans le tube s'extravasera, s'épanchera dans la lacune aérifère ou dans le vaisseau lymphatique (1). Inversement, si un organe, au point même où commence à s'y former un futur canal sécréteur, ne s'accroît pas en diamètre, les quatre ou cinq files de cellules sécrétantes ne pourront pas s'écarter l'une de l'autre; elles n'en rempliront pas moins leurs fonctions ordinaires, bien qu'elles n'aient pas de cavité où déverser leurs produits. Un pareil canal arrêté dans son développement et dont les exemples ne sont pas rares chez les Conifères, n'est pas autre chose, en réalité, qu'un paquet de quatre ou cinq vaisseaux laticifères contigus. Enfin si, comme on le voit dans l'ovaire de beaucoup de Monocotylédones, les épidermes glanduleux de deux feuilles voisines se trouvent rapprochés de manière à circonscrire une cavité close, dans laquelle les cellules épidermiques déversent leurs produits au lieu de les épancher dans l'atmosphère extérieure, l'appareil ainsi constitué sera devenu un véritable canal sécréteur. Ainsi les glandes épidermiques peuvent être ramenées au canal sécréteur, celui-ci au vaisseau laticifère, et inversement le vaisseau laticifère au canal sécréteur ou à la glande épidermique.

Par sa structure, le canal sécréteur tient en quelque sorte le milieu entre les deux autres appareils; plus simple à de certains égards qu'un épiderme glanduleux, il est plus compliqué qu'un vaisseau laticifère, et l'on peut à volonté le dériver de l'un ou de l'autre de ces organes. On peut le considérer en effet comme un épiderme glanduleux entourant une cavité interne de même origine que les cavités aérifères et limitant le tissu de la plante vis-à-vis de cette atmosphère intérieure comme un épiderme glanduleux véritable le limite vis-à-vis de l'atmosphère extérieure. Mais on peut aussi le regarder comme formé d'une série de vaisseaux laticifères, à cloisons transverses permanentes, rangés côte à côte, au nombre de trois ou quatre au moins, au pourtour d'un

(1) C'est ainsi que s'expliquent les faits relatifs à la pénétration du latex dans les vaisseaux lymphatiques, signalés d'abord à diverses reprises par M. Trécul, et que j'ai eu l'occasion d'observer moi-même, notamment dans les Cadacinées. — Voy. *Recherches sur la structure des Aroïdées* (Ann. des sc. nat., 5e série, 1866, t. VI).

méat ou d'une lacune, où ils déversent régulièrement leur contenu, comme le font les vrais laticifères isolés eux-mêmes,
toutes les fois qu'ils côtoient une lacune aérifère ou un vaisseau
lymphatique âgé qui se comporte vis-à-vis d'eux comme une
vraie lacune aérifère. Une bande d'épiderme glanduleux enrou-
lée en cylindre, plusieurs laticifères unis côte à côte autour
d'une lacune et combinés avec elle, engendrent ainsi un canal
sécréteur.

L'identité physiologique des cellules qui les constituent, identité qui se traduit par celle des produits élaborés par ces cellules,
la façon identique dont ils se comportent quand on les ramène
aux mêmes conditions extérieures, enfin la manière très-simple
dont on les dérive l'un de l'autre, tout s'accorde donc à dé-
montrer la profonde analogie de ces trois appareils. Ils appartiennent bien certainement à une seule et même classe d'organes, à ce qu'on peut appeler, dans le sens le plus large de ce
mot, la classe des organes sécréteurs de la plante. Ce sont trois
instruments d'une même fonction, qui se remplacent le plus
souvent, mais que la plante peut aussi posséder à la fois.

Cependant les différences que ces trois appareils présentent
dans le mode d'arrangement des éléments sécréteurs qui les constituent n'en demeurent pas moins caractéristiques, et elles sont
assez nettes pour qu'il ne soit pas permis de les confondre et de les
appeler du même nom. C'est ce que, malgré l'opinion inexacte
qu'il s'est formée sur l'origine des vaisseaux laticifères, l'auteur
anonyme de 1846 a parfaitement compris. Cette confusion,
M. Trécul n'a pas hésité au contraire à l'introduire dans le sujet
en donnant aux canaux sécréteurs les noms de « vaisseaux propres », de « laticifères », de « vaisseaux laticifères ». Nous venons
de voir que si, se fondant exclusivement sur l'analogie fonction-
nelle, on veut appeler les canaux sécréteurs du nom de « laticifères », ce serait manquer de logique que de ne pas appeler également « laticifères » les poils glanduleux, les surfaces épidermiques
glanduleuses et les glandes internes, dont les cellules sécrètent
par le même acte physiologique des produits de même nature.

Il y a donc, en résumé, dans les plantes une classe particulière de cellules, vivant d'une vie différente des autres, douées d'une constitution appropriée à cette vie spéciale, et donnant naissance à des principes immédiats qu'on ne retrouve pas dans les autres cellules : ce sont les cellules sécrétantes. Isolées ou diversement groupées, si elles font partie de l'épiderme, elles constituent la vaste catégorie des poils glanduleux et des surfaces glanduleuses. Situées dans la profondeur des tissus, elles peuvent être isolées ou groupées. Isolées, ou bien elles conservent la forme des cellules ambiantes au milieu desquelles elles sont disséminées, ou bien elles se ramifient et étendent au loin leurs branches en les insinuant entre les cellules ambiantes (laticifères rameux des Euphorbiacées, Colocasiées, etc.). Régulièrement groupées, ou bien elles forment une assise particulière (membrane oléorésineuse des *Acorus*, *Valeriana*, *Rheedia*, *Xanthochymus*, etc.), ou bien elles s'agglomèrent en masses compactes (glandes intérieures des Myrtes, des Orangers, etc.) ; ou bien elles se superposent en séries verticales, simples ou anastomosées en réseau, avec ou sans résorption des cloisons transverses (laticifères proprement dits, simples dans les *Philodendron*, réticulés dans les Papavéracées) ; ou bien enfin elles se disposent en un système de files longitudinales, rangées tout autour d'une cavité de même origine qu'une lacune aérifère ordinaire, et tapissant cette cavité d'une sorte d'épithélium (canaux sécréteurs, poches oléorésineuses).

On voit ainsi que les canaux sécréteurs réalisent le degré le plus élevé de complication dans le groupement relatif des cellules sécrétantes. Chacune de ces combinaisons de laticifères autour d'une lacune se comporte ensuite, dans ses relations avec les divers tissus de l'organe, notamment avec ses faisceaux libéroligneux, comme un laticifère ordinaire, de même à peu près qu'on voit en chimie les radicaux composés se comporter comme des corps simples.

Paris. — Imprimerie de E. Martinet, rue Mignon, 2.